渐进与变革

——建筑师视野中的新型城镇化研究与实践

国际建筑师论坛组委会 编

中国建筑工业出版社

序

会议主题确定为"中国建筑与新型城镇化",使我不期而然地联想到马克思提出的消灭三大差别的学说。所谓三大差别,即工农差别、城乡差别和体力劳动与脑力劳动的差别。我没有读过马克思的原著,不知道他是在什么样的历史背景下提出的,更不知道是通过什么途径来消灭上述差别的。但有一点却是无可置疑的,即马克思终其一生都在追求人类的社会平等,而三大差别正是社会不平等的表现,消灭三大差别的学说正是为使人类社会达到完全平等的一种理想境界。

要实现这一理想却不是一件容易的事。即以城乡差别而言,在新中国建立之后相当长的一段历史时期,限于各种条件,城乡二元对立的现象十分突出、严峻。农民向往城市生活,但由于严格的户籍制度,却被牢牢地固化在土地上,看不到一丝致富的希望。个别农民流入城市,则被称之为"盲流",一经查实,即被强制遣返回乡。为什么?当时,农业生产率十分低下,要保证十多亿人的粮食安全,没有一支庞大的农业生产大军是绝对不行的。

改革开放之后,由于农业生产技术的进步,特别是批判了极"左"思潮并调整了政策,从而使农业生产率大为提高。由此,出现了农业生产劳动力过剩的新趋势,正是在那个时期出现了所谓的"乡镇企业",这一新生事物便在农村开启了亦工亦农的好兆头。记得著名的社会学家费孝通先生曾为之而欢欣鼓舞。当时,我也曾朦胧地想到,这也许就是缩小城乡差别的一个起始。正是在这个时候,在苏南地区出现了一个张家港,由于乡镇企业的不断扩大完善,农民生活迅速提高。今天的张家港,究竟是农村还是城市?你能明确地给予界定吗?

随后,随着改革开放的步子愈迈愈大,大量引进外资,另一方面,农村剩余劳动力也愈来愈多,于是,又不期而然地出现了一股"打工潮",农村人口大量涌入城市,并促使中国成为世界制造大国。尽管也带来不少社会问题,如留守儿童等。但不可否认的是,这些流入城市的农民工,对于我国现代化还是作出了巨大贡献。

前一种现象即张家港,可以看成是农村就地向城乡一体化的转化。后一种现象即打工潮,则是使农村人口向城市集聚。那么,还有没有其他途径呢?我国幅员辽阔,情况又十分复杂,想来也不能完全排除吧!

然而,事物总是在发展中不断地引出一些新的矛盾。即以打工潮而言,我们是以廉价劳动力来换取巨额外汇的,否则,也不会这么快就跃升为世界第二大经济体。时至今日，大家又认识到这条路子几乎已经走到了尽头。于是，为适应形势发展，中央又提出了经济结构的转型。

就缩小城乡差别而言，这种转型会不会带来新的问题呢？大家知道，随着农业生产率的提高，剩余劳动力必然与日俱增，如果把大量农村人口转移到城市，势必还要考虑到城市的吸纳能力，具体地讲就是就业问题。只有这两者保持基本平衡，才能使农村剩余劳动力平稳地向城市集聚。然而，这也不是一件容易的事。这方面的问题远远超出了我们的专业范围，它的解决，只能有赖于制度创新和政策创新。

要实现城乡一体化，就离不开规划师和建筑师。那么，他们该如何出场呢？这里首先所面临的就是一个时间和地点问题，即什么时候应该出场和在什么地方出场。

消灭三大差别是马克思对于共产主义社会的一种愿景，而我们现在还处于社会主义初级阶段。当下，虽然提出要实现城乡一体化，自然只能是通向这一远景目标的起始。我们头脑应当保持清醒，这是一个漫长的历史过程，它不可能一蹴而就，因而必须等待时机，只有农业经济达到一定程度，才有条件开启一体化的进程。这时，也只有这时，规划师和建筑师才具备了出场的时机。

由于幅员辽阔，地区的差异也十分明显。城乡一体化自然是从富裕的地区起步。这次会议选择在浙江宁波，无疑也是由于浙东一带农业经济发展较快，走在全国的前面。

在实现城乡一体化中究竟谁是主体呢？自然是农民，他们，或者通过他们的组织提出要求，然后，规划师和建筑师才能按照他们的要求进行规划设计，只有这样才能满足他们的要求。规划师和建筑师切不可越俎代庖，误把自己当成主体，从而把城市的一套，硬塞给农民。

近来，又提建设美丽乡村的话题，并特别强调不要忘记"乡愁"和不要忘记"记忆"，所指自然是要传承。要实现城乡一体化就不能不拆、不改、不建。不言而喻，这又给规划师和建筑师提出了一个棘手问题，要处理好这些矛盾，规划师和建筑师必须具备高度的文化素养和娴熟的职业技能。否则，便可能导致形态上的千篇一律。我想，在经过一段的实践之后，还有必要再召开一次学术研讨会，就这方面的问题进行研讨和交流。

/ 目录 /

/ CONTENTS /

PART

II

PART

I

第一部分

建筑师视野中的建筑与
新型城镇化研究

摘要：史无前例的城市增长浪潮早已席卷全球。未来主要的增长将集中在小型城市区域。然而因为缺少足够的资源，它们面临着被大规模的变化吞没的风险。因此在今后数十年里对城市来说最大的挑战将是以史为鉴，利用新城市化进程为城市的未来寻找新方向。纽约州锡拉丘兹市即是这众多的小型城市之一，它的兴衰经历极富教育意义。这篇文章的目的是通过简短地回顾这段历史，分享一些复兴城市的发展方针与见解。文章的结尾列举了从锡拉丘兹发展的经历中总结出的十二项适用于任何城市的建议。希望其他城市也能够从锡拉丘兹的成功中受益。

关键词：智能发展、微城市化、城市设计、城市改造、历史街区、适应性再利用、社区发展

Abstract: The world is currently undergoing the largest wave of urban growth in history. In the future, most of the new growth will occur in smaller cities. Because these have fewer resources to respond to the change, they are at risk of being overwhelmed by these changes. The great challenge for the next few decades will be to avoid the mistakes of the past and exploit the possibilities that new urbanization offers for the future. Syracuse, New York is one of these small cities. The story of Syracuse's rise, decline, and its rise again is an instructive one. This article tells that story and provides insight into some of the strategies that were employed to revitalize Syracuse. Included at the end of the article are twelve recommendations that have applicability to any city. They are being offered in the hope that other cities will benefit from Syracuse's success.

Key words: Smart Growth, Micro-urbanism, Urban Design, Urban Renewal, Historic District, Adaptive Re-use, Community Development

锡拉丘兹：小城中的大学问

兰德尔·科曼　文
岳然　译

Syracuse, New York:
Large Lessons from a Small City

Written by Randall Korman
Translated by Yue Ran

"城市像是一幢大房子，而房子亦像是一座小城市。"

——莱昂·巴蒂斯塔·阿尔伯蒂

　　有这样一种说法，如果将全世界 70 亿的人口全部聚集到得克萨斯州的土地上，他们仍然能够拥有舒适的生活空间。这的确不可思议，而更了不起的是这甚至不需要让居民都住进拥挤的摩天楼里。这说法乍听起来像是个空想，事实上通过简单的计算就能证明。要实现这一壮举只需要平均每公顷 65 户的住房密度，而这一密度甚至还不及马萨诸塞州波士顿市周边的居民区。那些居民区里遍布多功能的中高层建筑，拥有充裕的绿色空间、适宜步行的街道以及便利的公共交通设施。由此可见，要实现更有效的土地利用是不需要以牺牲人性化尺度的生活环境来实现的。在我们以牺牲人文和自然环境为代价，并且已经在城市与郊区发展上消耗了大量土地的如今，重新思考我们应该如何建设与扩展未来的城市尤为重要。

　　毋庸置疑，如今的世界正承受着人类社会历史上最大的城市增长浪潮。超过 50% 的世界人口居住在城市中，而这个数字将在 2030 年达到 60%。虽然在近几年里我们的注意力主要集中在各个巨型城市中心区域，未来主要的增长将会发生在小型城市与乡镇区域。然而缺少足够的资源来应对这样大规模的变化，这些区域将要面对被巨大的变化吞没的可能。当前，一半左右的城市居民生活的城市规模是在 100000 到 500000 人口之间。因此在今后数十年的时间里对城市（尤其是对这些小型城市）来说，最大的挑战将是如何避免犯下与过去相同的错误，以及如何充分利用新城市化进程为城市的未来寻找发展的可能性。

　　锡拉丘兹就是这众多小型城市的其中之一。它的兴盛始于 19 世纪，在 20 世纪逐渐衰落，而后又恢复繁荣。这样的城市发展历史既引人关注，也富有教育意义。这篇文章的目的是通过简短地回顾这段历史，提出一些有关这座城市衰落的原因，分享一些使其恢复繁荣的发展方针的见解。希望这些见解能对读者有所启发。概括地说，锡拉丘兹的复兴关键在于合理地发展与调整城市密度，尤其是在人口、城市肌理，以及社会经济结构等方面。同时也归因于一部分居民对恢复城市原来的经济、社会与文化活力的强烈愿望。为实现繁荣，其他面临相同挑战的城市所采用并取得成功的"智能发展"策略被运用到了锡拉丘兹的城市发展之中。

　　"智能发展"的概念出现在20世纪90年代，作为城市规划和交通运输的理论，在发展高密度且步行系统完善的城市中心的领域得到提倡。它同时也鼓励以多元化的交通形式连接各个邻里，其中包含多住宅形式的居住区、学校，以及综合开发区等等。相比短期的集中发展，智能发展的价值体现在长期的区域性的可持续发展的过程中。它的目的是营造独特的小区气氛和场所感，实现交通、职业、住房选择的多元化，公正地分配发展的支出与收益，保留与改善自然与文化资源，以及提高公共卫生质量。智能发展的原则在于创造利于居民生活、工作、交易，以及构建家庭的可持续性社区。在文章的最后，我总结了十二项从锡拉丘兹的发展经历中得到的教训，它们都是有关智能发展的实例，任何城市都能够学习借鉴。

　　在19世纪的美国昭昭天命（Manifest Destiny）的说法是大众共同秉持的信念，他们相信美国的移民们被赋予了向西扩张至横跨北美洲大陆的天命。这是一个从美国人民的使命感中产生的概念，它指出人们必须创造一个新世界从而取代被认为失败了的旧世界。它是一个由追求个人自由与机会的愿望鼓舞着的坚定的信仰。移民的向西迁移同时也是因为渴望离开美国东岸那些拥挤、肮脏、充斥着危险与疾病的城市。那时整个国家大部分的土地仍然原始而人烟荒芜□，早期的移民们涌入茫茫原野之中搭起自己的小屋，构建家庭，过着靠山吃山的生活□。这种充实荒地的需求，以及这一幅富有浪漫气息的"自然中的小屋"的景象一直持续到20世纪，成为一种流行一时的美国郊区形式。这种郊区景象曾得到政府设立的鼓励机制的支持，并随着蓬勃发展的汽车工业逐渐壮大。然而我们知道，当它成了我们熟知的"城市的无计划扩张"现象时，便已不再有任何发展的可持续性可言。事实上在今天的美国，随着越来越多的人开始回归城市，这样的住宅正在不断减少。

　　如今许多的城市都出现了人口向市区回归的现象，锡拉丘兹也是其中之一。锡拉丘兹是一个相当小的后工业化的美国城市，如今的人口在150000左右。它的人口稠密度位居纽约州第五，在城市与建筑方面拥有丰富而多样的历史。锡拉丘兹位于美国东北部约高于北纬40度的地方（接近北京的纬度），地处纽约州的地理中心，距离东南方的纽约市320km。周边地区在过去的200年内一直为城市供给丰富的自然资源，尤其出名的要数盐、石灰岩、牧场以及淡水。这些自然资源支持着城市重要的农业经济。当地的工业有技术工业、制药业以及轻型制造业。市内有约30所大学以及数所大型医疗中心。在过去的数十年中锡拉丘兹已经从一个制造业中心转变为一个以服务业和知识经济为主的城市。今天的锡拉丘兹是一个重要的交通枢纽。各种运输系统如遍布全国的货运和客运铁路，交会在市中心的两条州际公路，以及五家大型航空公司将这座城市与全国各地相连。这里的人口成分多样，教育水平良好，营造着活跃的文化交流气氛。这座城市的中心坐落在奥内达加湖东南端一个宽阔的山谷中□。1825年多个地区合并成了现在的城市范围，同年伊利运河开始运营。这项工程学上的壮举将哈德森河引向伊利湖。哈德森河进而为锡拉丘兹打开了通向纽约市海港、芝加哥以及美国中西部的水路。1871年锡拉丘兹大学的第一栋教学楼——语言学堂（The Hall of Languages）——落成。如今锡拉丘兹大学已经是美国首屈一指的研究机构之一。由于运河、铁路系统以及高等学府的加入，锡拉丘兹在接下来的100年中经历了一段迅猛的增长。

　　到1900年城市人口已经增长到了100000，锡拉丘兹以一个蓬勃发展着制造业、

□ 图1 P22
□ 图2 P22

□ 图3 P22

经济、文化以及高等教育的中心城市的姿态进入到了 20 世纪。那时伊利运河与萨琳娜街（城市最重要的商业街）交汇处的克林顿广场□无论在地理上还是象征意义上都是市的中心。顺着 1915 年的萨琳娜街向南看去□，你会发现城市里到处都是熙熙攘攘的行人，街道上的马车、自行车、电车还有刚开始进入百姓生活的汽车来来往往，络绎不绝。街道两侧遍布着商店、杂货店、餐厅、咖啡馆、剧场以及歌剧院。许多市民都住在市中心，或是城市周边富丽堂皇的住宅区里。当时的锡拉丘兹是一个密度高，易于步行的城市。

□ 图 4 P22
□ 图 5 P22

在 20 世纪初，你若是搭乘火车来锡拉丘兹，最先到达的是市中心一座引人注目的火车站□。该建筑作为城市的入口，为来客营造着置身市区的场所感。然而如今的火车站已经换成了一座毫无特色的建筑，与其说是车站，倒不如说更像是一座仓库□。更糟的是它的位置已搬至城市的边缘，来客需要乘出租车或者公交车再花上 15 分钟的时间才能到达市中心。这一幅 1955 年萨琳娜街的照片□描绘的是当时仍然朝气蓬勃，行人络绎不绝的街道，街道两侧的各式商店、餐厅、咖啡馆、剧院活跃着街道氛围。但 25 年后相同的街道却变得空旷不堪。

□ 图 6 P22
□ 图 7 P23
□ 图 8 P23

究竟发生了什么？是什么因素让这一度辉煌的城市戏剧性地衰退的呢？要追根究底地讲完整个故事必将是一个浩大而复杂的工程，然而在这里我要做的是筛选出其中最重要的原因，与读者分享一些见解与启示。

当然，最直接导致衰退的因素之一是高密度历史城区的破坏，包括曾经塑造着城市个性、定义城市空间的地标建筑群。在 1945 年至 1975 年之间，市中心地区将近 50% 的建筑存量都以城市改造为名得到了提升。但从此之后城市不仅损失了这些建筑所提供的物质上的高密度，同时更损失了与市民生活密不可分的社会与经济的活力。对比 1910 年与 1975 年城市的图底关系□，灰色的区域即是被停车场所取代而被拆除了的建筑。

□ 图 9 P23
□ 图 10 P23

汽车的问世是另一个重要的因素。有关客运汽车如何影响城市环境的讨论已有许多，在此无需赘述。简言之，在美国，我们已经将城市发展的优先权从行人转向汽车。大小城市基于汽车的需求进行了改造，很大程度上破坏了自然景观与城市环境。在私家车的需求量逐渐增加的中国，二三线城市也面临相同的挑战。在像北京、上海这样的一线城市里，汽车所带来的问题已经相当明显。但是如果规划合理，这样的隐患仍然能在小型城市中得到缓解。

汽车的大量使用而引发的一个明显而却难以解决的问题是与之等量的停车场空间□。图解中的交叉影线区域是现在锡拉丘兹市中心的多层停车建筑。如照片□中显示的停车场在市中心区域内有多处，在它们周围形成了毫无商业活动的死角。它们占据了大面积的土地却对街道上的市民生活没有任何贡献。更糟的是，它们也没有建筑价值。没有建筑立面的这些建筑在城市公共空间中呈现的只是结构裸露且缺乏尺度感的外表。

□ 图 11 P23
□ 图 12 P23

1956 年美国政府通过了《联邦资助高速公路法》，开始了发展全国性高速公路系统的工程。这在很大程度上是一件利益大众的事情，然而包括锡拉丘兹在内的许多城市都被横穿市中心的高速公路分割成了若干区域。在锡拉丘兹，大学社区至城市东部的区域被完全地与西边的中心商业区分隔开□。这条市内的高速路段（有时会被称为锡拉丘兹的"柏林墙"）在其高架桥的两边形成一条 2km 长的无人区。高速公路的入口与出口的坡道以及线路间的互通立交占用了大片市内土地却对税收毫无贡献。这些无用区域只多少增加了一些停车空间，却制约了行人在各个城市区域间

□ 图 13 P24

的活动。更糟糕的是它带来了更沉重的车辆交通负荷，大部分的车流都来自市内。

也许对城市经济最大的打击是 20 世纪 70 年代制造工业的衰退。许多小型企业在那时破产，这更加剧了当时不断恶化的失业状况。罗克韦尔国际公司将它的工厂搬出了纽约州。通用电气将它的电视机制造业务搬到了弗吉尼亚州的萨福克，之后又搬至新加坡。开利公司将它的总部搬出了锡拉丘兹，而外包的制造业务则搬到了亚洲。这一切造成了城市人口的锐减，以及随之而来的课税基础的降低。

除此之外处于急速发展的郊区大型购物中心也给城市带来了更严重的影响。虽然这些大型购物中心给郊区的居民提供了方便，却破坏了市中心与邻近城镇的经济环境。锡拉丘兹周围有五家购物广场以及两家大型购物中心。其中之一算得上是全美最大的地区性大型购物中心。它能够吸引远至 100km 外的顾客们开车前来。在经济上这些购物中心如吸血鬼一般，吮吸着市中心的经济血液。市中心相对小型的商店无法匹敌购物中心的经济实力以及它们提供的便利，终于被迫停业。更糟的是公共交通无法满足大型购物中心的客运需求，需要驱私家车前往。

最后一点，是大量庄重的历史建筑被拆毁，取而代之的新建筑却远不及原来的品质，这样的事例亦是数不胜数。设计拙劣的建筑和市民参与贫乏的场所逐渐成为城市的顽疾，导致在许多年中新建的建筑既无法改善市民生活亦无益于保护锡拉丘兹的历史建筑遗产。时至 1975 年，曾经标志着锡拉丘兹城市个性的物质、经济、社会层面的多样性都被满是上班族的办公楼所形成的单一功能所取代。每天下午 6 点，上班族们就会回到郊区的家中，只留下空无一人的街道。那时的城市一天天地缩小，确切地说正步向死亡。

幸运的是，锡拉丘兹并未就此衰亡。于 1975 年前后，因为一系列战略性举措的成功，城市逆转了持续数十年的经济衰退与人口流失的趋势。当时的情况复杂，而有关阻止大部分负面发展趋势的举措，其来龙去脉是一段更长的故事，但在此我希望通过五个重要的案例分析来解释其中取得了较大成功的几项战略措施，从中总结出的经验教训同样适用于世界各地的其他城市。

案例 1：阿默里广场历史街区

☐ 图 14 P24   这片历史街区因位于其中心的旧阿默里大楼而得名☐。城市的这一部分占地六个街区，从市中心偏西的区域直至西南边的高架铁路线。历史街区里的建筑大部分都是失去了活性的 19 世纪建筑，高度从两层至六层不等。其中的许多建筑在建筑价值
☐ 图 15 P24   上都很值得关注☐。红砖与铸铁的结构形成了它特别的沿街立面。许多建筑的首层都有宽敞的橱窗，橱窗后分布着零售商店、小餐馆、咖啡屋、餐厅。建筑的上层通常都是公寓。

☐ 图 16 P24   这一幅 1910 年的城市图底关系☐呈现了当时密集的城市肌理，阿默里大楼坐落在一片开阔的广场上，庄重而引人注目。至 1975 年，许多建筑被露天停车场或立体
☐ 图 17 P24   停车场所取代☐。但是在 1980 年，当地的开发商和企业家逐步开始了修复老旧建筑并将它们转为商业建筑与住宅的进程。久而久之，延续了旧建筑尺度与特点的新建筑开始占据原是停车场的空间，渐渐恢复了当时街区内迫切需要的物质上的密度。通过结合多项修复手段，州内与联邦的税负奖励措施以及个体开发的举措，这片历史街区得到了保护，并扩展到了原大小的四倍。随着更多新建筑的建成与旧建筑的修复，这片充满希望的街区吸引了更多的投资。

新的住宅同时也增加了市中心的居民人口，如今已将达到临界的数量。如此转而刺激了更大的住房需求。现在 2% 的空置率已到达历史最低值。小型公园与奥内达加滨溪走廊的公共空间开发增加了市民需要的绿色空间与更好的休憩设施。另有其他项目比如将阿默里大楼转化为博物馆，旧仓库的活化利用，以及仍在继续的旧建筑修复。至 2005 年，阿默里广场历史街区已在城市里形成了浓郁的地区特色，引发了对地区甚至对城市未来发展的势头。随着更多的餐厅、画廊、咖啡馆和零售商店重新开始了自己的业务，更多的城外人开始认为市中心地区不但适合白天的活动，也适合夜晚的生活。有意思的是，对于城市的活化，更多的贡献不是来自于新建筑，而是旧历史性建筑的修复与再利用。这些旧建筑的形式以及对它们再利用的方式正是城市经济与社交生活复兴的关键。

案例 2：仓库大厦

这座通常被人们称为"仓库"的七层建筑建于 1910 年，它曾被用作冷藏仓库，而后被闲置在阿默里广场历史街区西边的角落。之后锡拉丘兹大学做了一个史无前例的决定，买下了这座建筑并作为设计项目的教学楼将室内改造成了工作室、教室和办公室。曾获嘉奖的建筑师理查德·格鲁克曼受邀以非常低的预算完成了改造设计。大学的这项投资举措有着多方面的原因。首要原因是大学希望通过这项举措向社区以及潜在的投资者们表明它已做好为城市的发展做出转变性贡献的准备。为此，大学选择了一座弃置已久的建筑并为其注入了新的生命力□，而对这座建筑的活化利用则是对可持续性发展的有力阐释。

□ 图 18 P25

建筑师的设计中非常重要的一个细节，是在建筑东立面与南立面大面积地安装窗户。这将"仓库"以一个它从未有过的面孔展现给城市。除了宽敞而开放的工作室和员工的办公室，新加入的功能还包括公共画廊、小餐馆、报告厅以及社区活动空间。当这个项目在 2005 年完竣工，以灯火通明的姿态与市民相见时，人们不得不感叹这的确是一个标志着城市革新和可持续性发展的设计□。这座建筑能够容纳共 600 名左右的学生、教师和员工，对市中心的经济提供了直接而有效的积极影响。

□ 图 19 P25

"仓库"开始运营不久就能感觉到它对周边的影响。市中心曾一度低迷的物价开始逐渐上涨。2010 年，一家 500 人规模的工程公司将其总部从郊区搬到了"仓库"附近地段新建的办公楼里。2013 年，两家新的旅馆在"仓库"旁边的位置上开始迎接客人。这个项目很好地阐释了明智的发展策略所引发的"乘数效应"。单方面的战略举措能够带来多方面的积极作用。

案例 3：锡拉丘兹城市连廊

"锡拉丘兹城市连廊"是近几年一个大型的城市活化项目。这个项目始于 2006 年一个由锡拉丘兹大学联合锡拉丘兹市以及其他合伙人共同发起的全国设计竞赛。竞赛邀请了四支由景观建筑师、城市规划师、土木工程师和其他相关的设计专业人士组成的团队前来参加。所有的队伍都是由社区代表和设计方面的专家组成的委员会筛选出来的。这次竞赛的目的是营造一个新的多功能开发区，而在每一次团队的方案里都要对十项设计要素进行周全的考虑。

十项要素如下：

1. 交通：各团队需要规划一条以发展公交车为主的交通线路，其中包含自行车专用通道和其他加强与鼓励步行交通的便利设施。设计需为道路沿线提供丰富而多样的视觉元素，以提高行人使用的兴趣。其他的优化项目还包括道路环境（例如：路缘石、人行道、路灯、沿街绿化）和铺地的改进。

2. 照明：作为一个功能元素，人行道的照明系统需为整条"连廊"营造明亮的交通环境，并增强使用者的安全感。作为城市化工程的一部分，交通要道的照明系统应作为一个突出性标志，能够自我优化与完善。

3. 科技：竞赛鼓励设计中科技的创新性结合，以开发新的方式服务城市经济、社交与文化层面的信息交流与互动。

4. 艺术与文化：锡拉丘兹深厚的艺术与文化底蕴是这个项目中非常重要的一部分。"连廊"应在设计区域内的相应场所为各个年龄层次的市民提供艺术和文化互动的机会。

5. 历史：锡拉丘兹市有着悠久的国家性、地域性以及地区性历史。团队在设计时应与这些历史背景相结合。

6. 基础设施：在社区意见交流活动中81号州际高速公路被选中作为一些艺术性创作的画布，进而能够减少它作为屏障在大学社区与市中心区域间的负面影响。

7. 街道环境的改善与维护：设计新的标识牌，以引导人们使用"连廊"与街道上公共设施，例如自行车架、巴士站、长椅、分类垃圾箱、灯柱、运动场等。设计应该为这些设施寻找恰当的指示标识。

8. 绿化空间：绿化空间在城市环境中受到一定程度的限制，而它必须被纳入到"连廊"的设计考虑之中。设计者们需要将现有的公园以及新的小型公园协调地结合在一起，以最大化"连廊"的景观体验。

9. 活动项目设计："连廊"沿线的各项活动需要得到实质性的改善。室外灯光表演、艺人现场表演、公园内的露天影院、艺术品展览等都只是众多活动项目中的一部分。

10. 季节性考虑：纽约州中部的冬季长而多降雪。设计应为全年的气候情况提供实例与创意；不能够仅考虑会长时间被冰雪覆盖的设计元素。

每个团队都有八周时间深化他们的设计概念，丰富他们对"连廊"的构想。设计者们需要从全新的角度来看待锡拉丘兹，思考如何寻找新的发展机会，以及如何利用城市里丰富的资源和有利条件。四个设计在当地的博物馆里展览了四周之后，各个团队才在公共座谈会上对设计进行发表。2006年，费尔德·奥普莱欣（Field Operations）和克利尔（CLEAR）两个建筑事务所组成的团队被选中，得到了深化总体规划的机会。

深化后的方案由两块长条形的用地组成，从锡拉丘兹大学一直延伸到市中心的近西区，总长约3km。整块用地区域呈L形，其中包含了历史、商业、住宅、市政等多种类的建筑。这片区域被人们称为"锡拉丘兹的L"，它将成为一条新的综合发展型长廊。由公交车、汽车、自行车和行人四条清晰的交通回路组成的多模式的交通系统促进和支持着长廊的发展。"锡拉丘兹的L"联系着奥内达滨溪绿色走廊、锡拉丘兹市民大道、大学山、各艺术机构以及市中心。若设计完整地实施，"锡拉丘兹城市连廊"将会在大学与市中心之间构成更加紧密的联系。

为达到增强联系的目的，"连廊"的设计在关键的地点投资以支持历史地标、文

□ 图20 P25

化机构以及私营项目的发展。最终的目的是将城市的建筑肌理向外延伸，并刺激形成新的中心商务区经济。在着力开发文化活动方面，"连廊"内将添加新颖的照明设施，可持续性的交通方式，绿化基础设施，高科技（信息）热点等。这不仅展示了锡拉丘兹多元化的艺术文化资产，同时也促进了复兴经济的发展，旅游业的繁荣，以及城市住宅区的"智慧增长"。"锡拉丘兹城市连廊"的成功，证明了校园与社区之间是相互依存的，它们能够共同走向繁荣。

案例 4：近西区活化计划

"近西区"是锡拉丘兹市内最早的居住区之一。它与市中心毗邻，占地 80ha 的土地上分布着工业、住宅、商业建筑。从 19 世纪末至今，许多房产都已弃置、荒废，或者年久失修。在 1910 年的时候，典型的近西区景象是街道上整齐排列着葱郁的榆树，树荫下是人行道、草坪以及精致的房屋。不幸的是，如今典型的近西区已饱经沧桑。1930 ~ 1970 年之间，所有的榆树都因病枯萎了。经过多年的衰退与清拆，人们只能从遗留下的建筑废墟中想象当年的繁荣。而那些得以保存的建筑，许多都已年久失修。尽管如此，8400 名人口构成和民族背景多样的居民利用这片土地的资源、居民们的才能，以及邻近城市核心区域的地理优势开始了又一轮建设。图 21 所示的是当时住宅的一个典型实例。门廊发挥着灰空间的重要功能，使得公共空间与私密空间得以相互渗透，它同时也是家庭成员休憩，与邻居和路过的行人交流的地方。这是美国的小城镇里常见的形式。新的规划方案将增加"绿色"基础设施，升级交通网络，加强照明与安全设施，提高分区与土地使用的密度，优化指示标识。图 22 为设计中推荐的结合雨水收集系统和座椅的景观小品的示意图解。图 23 展示的是改造前与改造后的街道景象。

"近西区活化计划"重要的一部分是一个名为"从零开始"的设计竞赛。该竞赛于 2008 年通过"近西区活化计划"、锡拉丘兹大学和当地的一个非营利性住宅开发机构联合启动。竞赛的长期目标是通过对可持续性与可偿性住宅的设计研究为从前至关重要的城市居住区提供新的再投资模式。被选中的团队在散布于社区内的基地上设计了从 100 ~ 150m² 的独户住宅。短期目标是在新颖的设计中寻找有成本效益的"绿色"模型，这些设计既需要与周围文脉的构成元素和尺度紧密结合，并为未来的发展提供新的思考方向。有三个团队在竞赛中胜出，他们的方案在 2011 年完工，之后很快便有住户迁入。竞赛通过建成的设计方案阐释了新颖设计在传统居住区中的优势□。最根本的目标，是结合优秀的设计与先进的科技，定义未来发展中"绿色"家庭环境的新标准。

在设计竞赛开展的同时，锡拉丘兹大学建筑学院开设了一个先进的设计建造一体化工作室，意在让学生切身体会从设计概念到建成过程中的每一步。其目的在于启动另一个兼顾旧住宅修复与新住宅设计的开发计划。设计团队以职业事务所的模式组建而成。学生们以三至四人为一组与导师紧密地合作，每一组都有特定的设计项目。为迎合项目的建造可行性与短期可实现性的需求，团队预先制定了严格的设计标准。首先，设计必须造型简洁，易于建造；其次设计必须能够适应多变的家庭成员结构；另外对材料和构造的选择必须着重考虑耐久性、可持续性以及较低的建造成本。该计划更长远的目标在于，通过对历史街区城市密度的维持和对居住区损坏建筑的修复，在城市尺度上产生积极的影响。时至今日，已

□ 图 21 P26

□ 图 22 P26
□ 图 23 P26

□ 图 24 P27

□ 图 25 P27 有五个设计完成了建造，并已有居民入住使用。图 25 即是这个工作室完成的独户住宅设计之一。

案例 5：81 号州际公路的挑战

20 世纪美国掀起的高速公路建设热潮在各个城市里切出巨大的条形地带，大规模地扼制了邻里社区的发展，降低了城市居民的生活品质。这些巨大的钢筋混凝土基础设施对城市的经济有着毁灭性的影响。它让其附近的地产逐渐萧条，把基础公共设施之间便利的交通排挤到一旁。50 年后，许多美国城市开始重新思考这些与城市格格不入的基础设施的价值。随着联邦与州立运输部面临着缩减开支的问题，各城市寻找着新的方式以增加收益，提出一重建城市快速道路的新方案已成为了当务之急，而许多城市正加入到这个行列之中。

□ 图 26 P27 81 号州际公路那段横穿市中心延伸 2km 的高架桥就是其中一个例子□。它的使用寿命将尽，五年之内将会被重建或是拆除。无论是公共还是私人机构如今都在研究着这两种可能性，试图找到最理想的解决方案。而越来越多的持票者对重建方案持强烈的反对态度。一个非常可行的选择是将 81 号公路的交通转移至既有的 481 支线公路上，在锡拉丘兹市周围形成环线。如此便可利用原高架桥下的区域开发林荫大道以调整市内交通，能够重建大学社区与市中心之间的联系，同时也为开发现在 81 号公路两边大面积的未充分利用的区域提供更多的机会，从而为提高这片区域的城市密度与加快其经济的发展做出戏剧性的贡献。

虽然这套方案的成果仍然难以预料，但是在许多大城市里，如波士顿、波特兰、密尔沃基、旧金山等，将市内高架桥拆除后对城市化、经济、环境的发展带来客观收益的例子都能为锡拉丘兹借鉴。

锡拉丘兹的经验教训

以上这些发展战略的成功其最根本的原因来自于对未来城市形态的新思考。这些思考的核心元素是通过对历史建筑的活化利用以及对新尺度新质量的综合功能建筑的开发来修复城市肌理的现状。这样的举措还原了一度消失的城市空间，恢复了商业企业的增长，再现了多年前塑造了城市个性的街道活动氛围。

另一个重要的因素是各经营者与投资者之间的战略性合作关系。这其中包括了州立与市立政府、大学与非营利机构、当地的开发商与居民等等。每一个团体都为众多项目的成功贡献了专业技能、资源和创意。

最后，城市活力的恢复并不是因为一个大一统的规划设计，而是源于在一系列专门的方面做出的恰当的努力。这种"微城市化"的模式在经济上更容易被接受，涵盖面更广，其作用会在发展过程中逐渐积累。事实上锡拉丘兹复兴的故事仍在继续，直至下个十年里城市恢复到一定的密度之后，它将应该在更大范围内发展。另外，锡拉丘兹作为宜居城市的名声正在不断壮大。在 2010 年它入选了福布斯杂志评选的全美最宜居城市的前十名。

我从锡拉丘兹发展的经历中总结出了十二项对任何城市都适用的重要的建议。希望其他城市也能够从锡拉丘兹的成功中受益。

1. 营造无机动车的市中心区域

不应让机动车成为交通的主导，而应设计步行尺度的邻里，营造以人行交通为中心的城市。大量有说服力的事例证明减少私用汽车的使用能为城市化、环境、经济方面带来收益。

2. 避免建造明显的停车设施

停车设施不应该暴露在城市环境中。它们应该建于地下或是隐藏在其他类型的建筑内部。路面停车的土地使用率低，且对优化城市环境毫无贡献。临街的立体停车建筑平庸且缺乏建筑价值，对街道的综合利用以及行人的活动无帮助。

3. 抵御高架公路的入侵

横穿城市的高速公路会在市区内形成屏障，破坏良好的城市形态。拆除市内的高架公路能在经济、社交以及城市空间方面为城市提供切实的利益。

4. 在交通方式上提供多项选择

为居民提供对环境无害且有益健康的交通方式。营造多元化交通方式，使其能够在自行车、私人汽车、公交车和大规模交通运输之间取得平衡，同时着力优化舒适的步行环境。

5. 提防城市郊区化

像城市郊区这样低密度的环境已经失去可持续性。它的发展消耗大量的土地，需要昂贵的基础设施，促使低密度城市区域的增长，同时增大居民对汽车的依赖。郊区家庭的人均能源消耗更高，碳排放量更大。

6. 高密度城市的多元化发展

避免单一化的城市布局。功能单一的城市区域划分让生活变得不方便，增加了交通上的时间。居住区的最低密度应不小于每公顷 65 户，并包含多种类的住宅类型、分区类型以及功能类型。营造 24 小时城市，居住区居民的工作时间应分布在一天不同的时段。保护已经正常运作的居住区，同时开发综合性的新居住区。

7. 拥护优秀的设计

高质量的设计和规划能提高城市的价值，而平庸的设计却不行。

优秀的设计应优先考虑居民的生活习惯、生活环境尺度以及自身感受。优秀的设计同时也是良好的经营手段。

8. 重现历史街区与历史建筑的价值

历史建筑应该受到保护与赞美。历史保护工作的动机不应只是简单的对过去的怀念与乡愁。应通过对旧建筑的适应性再利用，塑造独特的社区个性，促进地区的可持续发展。这样的方式对创造良好城市形态而言更为合理，也有益于城市经济的繁荣。

9. 营造利于步行的城市环境

为行人设计街道。利于步行的居住区应为行人提供商店、小餐馆、交运小站、学校等，以丰富步行空间。"步行舒适性"减少了人们对机动车的依赖，也在社区内营造了和谐的气氛，方便了邻居们相互交流。

10. 建设绿色基础设施

绿色基础设施能够运用植被、土壤和自然作用调理水资源，并创造更健康的城市环境。在市或者县的尺度上，绿色基础设施意味着所有提供栖息地、防洪工事、空气净化、水资源净化的自然区域的综合体。在居住区与建筑基地的尺度上，绿色基础设施指的是模仿自然作用吸收并存储水资源的雨洪管理系统。绿色基础设施还包括公园、行道树、生态屋顶等等。

11. 优先考虑可持续发展建筑

在新建筑中应该提高绿色建筑的标准，以最小化能源消耗、避免有害化学物的使用，促进再循环或者当地材料的使用。同时绿色建筑应得到来自政府奖励机制的支持与推动。

12. 吸引市民、经营者和投资者参与发展过程

经营者和投资者们愿为发展做出贡献的一致意识能够确保一个成功的城市化发展战略的形成。所有市民都参与到发展进程中的城市才能成为一个集体的企业大家庭。

作为结尾，我想引用著名的地理学者大卫·哈维的著作《希望的空间》中的一段话。

想象我们自己都是建筑师，拥有渊博的知识和卓越的能力，却陷入了这个充满约束与限制的物质世界与社会世界中。再想象我们正竭力改变着这个世界。当慧黠的建筑师执意于革命的时候，我们必须从战略与战术的角度去思考要改变什么，从哪里开始；要如何改变，用什么方法。但我们仍然不得不继续生活在这个世界上。这正是每一个意图寻求革命性变化的人都需要面对的最根本的窘境。

（作者：兰德尔·科曼，美国锡拉丘兹大学教授；译者：岳然，2011 年赴美国锡拉丘兹大学建筑学院就读研究生，在读三年间任兰德尔·科曼教授研究助理）

参考文献

[1] Chakrabarti, Vishaan, *A Country of Cities*.

[2] Duany, Andres and Speck, Jeff, *The Smart Growth Manual*.

[3] Gallagher, Lee, *The End of the Suburbs*.

[4] Jacobs, Jane, *The Death and Life of Great American Cities*（美国大城市的死与生）.

[5] Speck, Jeff, *Walkable City*.

图片来源

图 1：《树林中的家》（Home in the Woods），托马斯·科尔，美国，1847 年。

图 2：达拉斯城市天际线与郊区（摄影：Andreas Praefcke）。

图 3：锡拉丘兹地图，约 1900 年。

图 4：锡拉丘兹，克林顿广场，约 1900 年（图片来源：议会图书馆）。

图 5：南萨琳娜街，约 1910 年（奥内达加历史协会）。

图 6：纽约州中部火车站，约 1915 年（奥内达加历史协会）。

图 7：纽约州，锡拉丘兹，美国铁路公司火车站，建于 1999 年（摄影：作者）。

图 8：南萨琳娜街，约 1955 年

图 9：锡拉丘兹市中心图底关系，约 1910 年（图解绘制：岳然）。

图 10：锡拉丘兹市中心图底关系，约 1975 年（图解绘制：岳然）。

图 11：锡拉丘兹市中心图底关系 - 立体停车场分布图，约 2012 年（图解绘制：岳然）。

图 12：典型的地上立体停车场（摄影：作者）。

图 13：被 81 号州际公路划分的锡拉丘兹市区示意图（图解绘制：岳然）。

图 14：阿默里广场，约 1910 年（奥内达加历史协会）。

图 15：典型的阿默里广场历史街区建筑（摄影：Crazyale）。

图 16：阿默里广场历史街区图底关系 1910 年（图解绘制：岳然）。

图 17：阿默里广场历史街区图底关系 1975 年（图解绘制：岳然）。

图 18：锡拉丘兹大学"仓库"艺术工作室大厦（图片来源：锡拉丘兹大学）。

图 19：锡拉丘兹大学仓库大厦夜景（图片来源：锡拉丘兹大学）。

图 20：锡拉丘兹 L 形城市连廊示意图（图片来源：锡拉丘兹大学）。

图 21：典型的独户住宅，约建于 1915 年（摄影：作者）。

图 22：结合雨水收集系统和座椅的景观小品（图片来源：锡拉丘兹大学）。

图 23：改造前与改造后的街道景观（图片来源：锡拉丘兹大学）。

图 24："从零开始"竞赛住宅设计作品（摄影：锡拉丘兹大学）。

图 25：设计—建造—体化工作室设计的独户住宅实例（图片来源：锡拉丘兹大学建筑学院）。

图 26：81 号州际高速公路的高架桥片段。

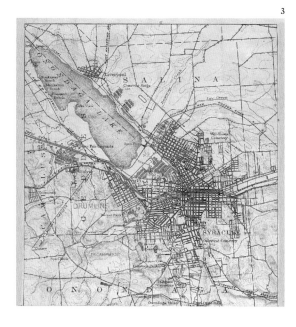

1　《树林中的家》（Home in the Woods），托马斯·科尔，美国，1847 年。

2　达拉斯城市天际线与郊区（摄影：Andreas Praefcke）。

3　锡拉丘兹地图，约 1900 年。

4　锡拉丘兹，克林顿广场，约 1900 年（图片来源：议会图书馆）。

5　南萨琳娜街，约 1910 年（奥内达加历史协会）。

6　纽约州中部火车站，约 1915 年（奥内达加历史协会）。

7 纽约州，锡拉丘兹，美国铁路公司火车站，建于 1999 年（摄影：作者）。
8 南萨琳娜街，约 1955 年
9 锡拉丘兹市中心图底关系，约 1910 年（图解绘制：岳然）。
10 锡拉丘兹市中心图底关系，约 1975 年（图解绘制：岳然）。
11 锡拉丘兹市中心图底关系 – 立体停车场分布图，约 2012 年（图解绘制：岳然）。
12 典型的地上立体停车场（摄影：作者）。

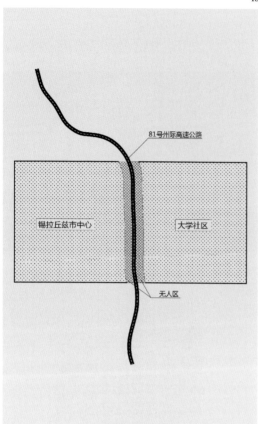

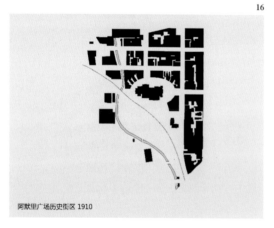

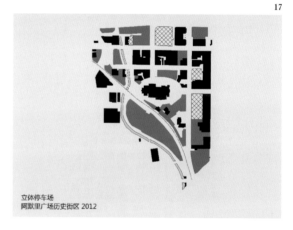

13　被 81 号州际公路划分的锡拉丘兹市区示意图（图解绘制：岳然）。
14　阿默里广场，约 1910 年（奥内达加历史协会）。
15　典型的阿默里广场历史街区建筑（摄影：Crazyale）。
16　阿默里广场历史街区图底关系 1910 年（图解绘制：岳然）。
17　阿默里广场历史街区图底关系 1975 年（图解绘制：岳然）。

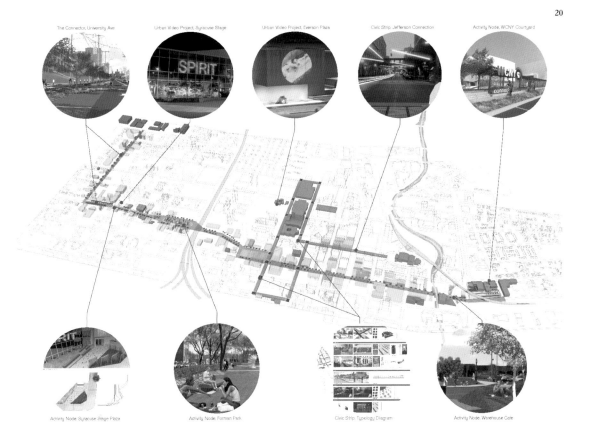

18 锡拉丘兹大学"仓库"艺术工作室大厦（图片来源：锡拉丘兹大学）。

19 锡拉丘兹大学仓库大厦夜景（图片来源：锡拉丘兹大学）。

20 锡拉丘兹 L 形城市连廊示意图（图片来源：锡拉丘兹大学）。

朝北向景观

剖面细部

To foreground the arboreal infrastructure, newly planted trees on Otisco Street are stabilized with large metal stakes, clad in glowing phosphorescent- yellow paint.

View East Down Otisco Street - Night

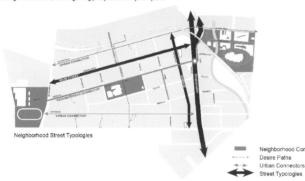

Neighborhood Street Typologies

Neighborhood Connector
Desire Paths
Urban Connectors
Street Typologies

OTISCO STREETSCAPE
2 CIRCULATION NETWORKS   Near West Side Neighborhood Plan

21 典型的独户住宅，约建于 1915 年（摄影：作者）。
22 结合雨水收集系统和座椅的景观小品（图片来源：锡拉丘兹大学）。
23 改造前与改造后的街道景观（图片来源：锡拉丘兹大学）。

　　　　　　　　　渐进与变革

24 "从零开始"竞赛住宅设计作品（摄影：锡拉丘兹大学）。
25 设计—建造一体化工作室设计的独户住宅实例（图片来源：锡拉丘兹大学建筑学院）。
26 81 号州际高速公路的高架桥片段。

摘要：城市化给建筑业带来前所未有的机会，同时也改变了人们生存的基本环境，城市已经成为人们主要的生活空间。早在 1977 年，一群有见识的建筑师和规划学者针对城市发展的种种问题签署了著名的《马丘比丘宪章》，改变了人们对城市建设的认知和关注点。今天，经历了 30 多年城市化的中国城市已经凸显出当年宪章直指的问题，因此再读"马丘比丘宪章"作为对城市建筑的反思很有意义。

关键词：城市化、马丘比丘宪章、城市建筑

Abstract: Urbanization has brought unprecedented opportunities for the building cities, while changing the basic environment for people to live. The urban space has become the main living condition, that people are always faced with a large number of all kinds of buildings. The Charter of Machu Picchu was signed in the late 70s of last century on the Mountain of Machu Picchu by the International Union of Architects（UIA）based on the urbanization trends and problems arising from the urban planning process at that time.After more than 30 years of urbanization process, today Chinese cities are facing at highlighting the problems under the Charter of that time, therefore re-read "Machu Picchu Charter" could be meaningful reflection for urban architecture.

Key words: Urbanization, Machu Picchu Charter, Urban Architecture

再读《马丘比丘宪章》
——对城市化进程中建筑学的思考

丁沃沃

Re-read Machu Picchu Charter:
Think of Architecture in ongoing Urbanization Process

Ding Wowo

引言

《马丘比丘宪章》签署于 1977 年 12 月，当年国际建筑师协会以《雅典宪章》为出发点，针对城市问题在秘鲁首都利马举行会议展开讨论。这次会议反思了《雅典宪章》的城市定义，重点讨论了因城市功能分区所导致的系列问题，在充分论证了城市本质的基础上强调城市的历史价值和人文精神。最后，与会的一群有见识的建筑师和规划学者集聚秘鲁马丘比丘山的古文化遗址，怀着对自然环境的尊重，针对城市发展的种种问题签署了继《雅典宪章》之后另一个有影响力的宪章——《马丘比丘宪章》。这次会议，批判地继承了《雅典宪章》的理念，对于《雅典宪章》关于城市进行功能分区而牺牲了城市结构的有机性进行了反思和修正。这是一个经历了 44 年规划设计实践经验和教训历程的反思和修正，人们对理性的价值有了新的认知，对城市的标准有了更为恰当的定义。正如"宪章"开篇所提及的"雅典是西欧文明的摇篮，马丘比丘是另一个世界的一个独立的文化体系的象征。雅典代表的是亚里士多德和柏拉图学说中的理性主义，而马丘比丘代表的却都是理性派所没有包括的，单凭逻辑所不能分类的种种一切。"然而，即便是亚里士多德，他也认为"人们为了活着，聚集于城市，为了活得更好居留于城市"。正因为如此，《马丘比丘宪章》的意义在于改变了人们对城市建设的认知和关注点，从《雅典宪章》到《马丘比丘宪章》的转变体现了人类对城市这一生存空间质量的追求。

作为对《雅典宪章》的修正和补充，《马丘比丘宪章》的内容包括了城市与区域、城市增长、分区概念、住房问题、城市运输、土地使用、自然资源与环境污染、文物和历史遗产的保存和保护、工业技术、设计与实施、城市与建筑设计共 11 个部分，涉及景观设计、城市规划和建筑设计各个方面。从我国的城市建设实践而论，对"宪章"中各个部分的接受程度大相径庭。首先，关于自然资源、历史遗产、工业技术和设计实施等方面的理念已经获得社会各界和专业人士的普遍共识。在城市规划方面，尽管《雅典宪章》在西方城市建设实践中产生的问题使人们对其理论开始怀疑，并早已基本上放弃了宪章的主导思想，然而，多年来《雅典宪章》依然一直是我国城市规划理论的指南。功能分区的理念在新城建设中起到了主导的作用。"功能分区清晰"一直作为规划文本的优点来表述，而功能混杂的地段往往被列入整治的对象。虽然理论界早已开始反思，但是直至近年来城市复合功能用地的概念才逐渐被用于实践。"建筑"是城市物质形态的最小单元，虽然一个单体建筑的优劣并不影响整体城市的形态，但是城市建筑的集聚构筑了城市每一个环境的细节，体现的是城市空间的质量。为此，《马丘比丘宪章》的最后用了较多的笔墨表述了对城市建筑的观点和对建筑设计的建议。有意思的是，对于我国大多数建筑师来说，《马丘比丘宪章》是关于城市规划的纲领性文件，对于《马丘比丘宪章》的认知在于它的城市混合功能的学说，至于《马丘比丘宪章》的建筑观没有受到他们的注意。

目前，我国的城市已经经历了30多年快速的发展，和当初西方发达国家一样也积累了许许多多的经验和教训。当下我国正处于城市化转型阶段，"新型城市化"已经提高到战略的高度，对前期城市建设实践进行反思和修正具有重要的意义。为此，本文试图聚焦《马丘比丘宪章》（下文中简称"宪章"）中关于城市与建筑设计的内容 [1]，再读并思考。

阅读

"宪章"关于城市建筑的看法以及其评价标准大致可以解读为4个方面：

1. 对现代建筑观念的反思与评价："宪章"认为现代建筑的先锋派们对建筑有自己固定的信仰，如同勒·柯布西耶的"光明城"里的建筑那样。"宪章"认为现代建筑的方盒子和立体派艺术一脉相承，他们的思想根源和他们对世界的看法相一致，受20世纪20~30年代的元素论的影响很大，并推论当时《雅典宪章》推行的城市功能分区也是受到元素论的影响。即将城市按功能分隔成不同的元素，再把城市和城市的建筑分成若干组成部分。于是"宪章"强调："在1933年，主导思想是把城市和城市的建筑分成若干组成部分。在1977年，目标应当是把那些失掉了它们的相互依赖性和相互联系性，并已经失去其活力和含义的组成部分重新统一起来。""在我们的时代，近代建筑的主要问题已不再是纯体积的视觉表演而是创造人们能生活的空间。要强调的已不再是外壳而是内容，不再是孤立的建筑，不管它有多美、多讲究，而是城市组织结构的连续性"。

当然"宪章"对现代建筑也有认可的部分，总结出他们认为行之有效的7点：建筑内容与功能的分析、不协调原则、反透视的时空观、传统盒子式建筑的解体、结构工程与建筑的再统一、空间的连续性和建筑、城市与园林绿化的再统一。

2. 关于建筑设计的问题：20世纪中期的欧洲，人们在满足了基本的居住需求之后，开始对千篇一律的方盒子式的建筑不满。在没有历史和人文气息的城市环境里，记忆和乡愁成了良好城市物质空间的优质元素，复古建筑开始抬头。"宪章"批评了三种设计倾向：首先，批评了现代建筑纪念碑式的各类盒子，强调了城市历史和历史建筑的价值。其次，明确地反对任何建筑形式上的复古，尤其反对廉价的图像复古。"宪章"尖锐地指出"最近有人想恢复巴黎美院传统，这是荒唐地违反历史潮流，是不值得一谈的。用建筑语言来说，这种倾向是衰亡的征象，我们必须警惕走19世纪玩世不恭的折中主义道路，相反我们要走向现代运动新的成熟时期。"第三，"宪章"反对当时具有模仿倾向的建筑设计行为，尖锐地指出尽管地方色彩对于建筑创作很重要，但是没有必要模仿。模仿时髦的形式如同复制希腊神庙一样无聊。

"宪章"提倡专业工作者思考如何沿着现代运动已经开启的征程，做新一轮的探索。"宪章"强调尊重大众审美习惯，指出"只有当一个建筑设计能与人民的习惯、风格自然地融合在一起的时候，这个建筑才能对文化产生最大的影响"。并且特别强调要摆脱所有的教条，如维特鲁威柱式、巴黎美院传统以及柯布西耶的"新建筑五点"。"宪章"签署的年代正是现代建筑风格开始走向多元化的时候，此时，它清醒地否定了当时兴起的各类时髦，呼吁建筑设计应该服务于人民，明确了建筑形式是解决实际问题所出现的结果，而不是设计操作之目的。

3. 关于建筑与城市空间："宪章"指出当时正面临着一场"新的城市化"，指出"新的城市化追求的是建成环境的连续性，意即每一座建筑物不再是孤立的，而是一个连续统一体中的一个单元而已，它需要同其他单元进行对话，从而完整其自身的形象"。"宪章"起草者受到了当时现代音乐和造型艺术理论的影响，即观众不再只是听觉或视觉的欣赏者，而且也是作品的创造者，让公众的智慧和经验参与作品的共同塑造。"宪章"追求的是完整的城市空间的视觉景观，将源自文艺复兴的城市视觉景观升华到"社会原则"。

"宪章"同时强调了"空间的连续性"在建筑形式语言方面的重要性，对现代建筑先驱之一的美国建筑师弗兰克·劳埃德·赖特给予了较高的评价，认为"空间连续性是弗兰克·劳埃德·赖特的重大贡献，相当于动态立体派的时空概念，尽管他把它应用于社会准则如同应用于空间方面一样"。其次，"宪章"再次强调了建筑、城市与园林绿化的再统一的重要性，认为"建筑——城市——园林绿地的再统一是城乡统一的结果"。最后，"宪章"面对当时既不考虑城市又不考虑自然而一味突出个体的建筑大声疾呼："要坚持现在是建筑师认识现代运动历史的时候了，要停止搞那些由纪念碑式盒子组成的过了时的城市建筑设计，不管是垂直的、水平的、不透明的、透明的或反光的建筑。"

4. 关于公众参与：和现代主义建筑的强势不一样，"宪章"更多地强调公众参与的作用，指出"在建筑领域中，用户的参与更为重要，更为具体。人们必须参与设计的全过程，要使用户成为建筑师工作整体中的一个部分"。"宪章"关于公众参与的思想把建筑从"建筑师个人的艺术作品"的定义中拉了出来，强调建筑的社会性和客观性。"宪章"以科学家的工作进行类比，认为不信奉教条的科学家比过了时的上帝更为可敬。"宪章"从公众参与的角度为建筑下了定义："所谓人民建筑是没有建筑师的建筑。""宪章"对建筑的定义实际上是和西方古典建筑学做了真正意义上的了断，远比早期经典现代主义建筑要彻底得多。西方古典主义建筑历来不回避其精英建筑的本质，经典现代建筑在某种意义上传承了西方古典建筑品质，只是用另一种语言呈现出来。

"宪章"签署的年代也是我国刚刚结束"文革"走向改革开放的时期，现代主义建筑观念和形式迅速被国内建筑界普遍接受，并奉为"新建筑"。与此同时，在西方，现代建筑的观念和形式正在受到普遍质疑和批评。30多年来，国际建筑思潮和建筑形式不断变化，国内建筑设计也随之翻新，建筑界也向科学技术界一样追赶着"发达国家的新事物"，中国逐渐成为欧美新建筑形式的实验场所。为此，有必要像"宪章"当年对现代建筑反思一样，全面反思西方建筑观念对我们建筑创作影响的得与失。其次，我们看到，30多年前的"宪章"，几乎涉及了当下我们建筑设计中发生的各类问题。我们有历史城市更新与历史建筑的保护问题，建筑形式与城市空间的问题，以及公众参与和专家决策的问题；我们也有千城一面的城市、索然无味的新区和难以唤起人们好奇心的奇特建筑。这些现象让我们似乎体验到了"宪章"所处的那个时代。

　　"宪章"签署的第二年，陈占祥先生就已将《马丘比丘宪章》译成中文介绍到国内。然而，1979年时的中国现状使得我们对"宪章"所涉及的关于建筑的问题和观点难以真正的理解。时隔30多年，今天再读"宪章"却感同身受。是什么原因导致我们现在面临的问题和30多年前《马丘比丘宪章》所论述的问题如此相像？"宪章"的建议对我们今天是否的确有参考价值？因此有必要梳理"宪章"诞生的背景和基础。

分析

　　从《雅典宪章》到《马丘比丘宪章》历时44年，建筑观念发生了巨大的变化，是源自建筑审美观念的转变还是支撑建筑的整体外部环境发生了变化？从西方近现代建筑发展脉络的研究中可以清晰地看到第二次世界大战建筑思潮的多元和混杂，然而，仔细分析都与社会环境的整体变化不无关系。

　　众所周知，促使欧洲城市快速发展的重要原因之一是工业革命。工业革命在1750～1850年间由英国蔓延到欧洲大陆。整个欧洲1801年时仅有17%的人口居住在城市，到了1851年这一比例上升至35%。19世纪上半叶，除了英国的工业城市，西方主要大城市如伦敦，巴黎、维也纳、柏林、罗马、马德里和纽约等都急剧增长。增长的速度是如此之快，使得城市服务设施无法跟上城市化的步伐。首先，大量使用煤炭造成的灰尘和污垢积聚。其次，城市里缺乏卫生设施，到处污水积聚，导致疾病高发。第三，城市中贫富差距过大且贫困率高，贫困导致了人们对生活的绝望，增加了犯罪率。为解决这些问题，城市的改革者推动了19世纪中叶欧洲的城市公共健康运动和城市美化运动，最著名的是拿破仑三世主导、奥斯曼（G. E. Haussmann）具体负责实施的大巴黎规划和城市改造。当时的创造城市公园、开辟宽阔的景观大道、打造标志性纪念碑和建筑，以及老城夷为平地、重构路网等等做法都成为城市设计的手段，并为后续各国各类城市效仿。就本文讨论的问题而言，同时代两位学者的著作和实践今天看来更值得一提：一位是西班牙巴塞罗那发展规划（1859年）的完成者塞尔达（I. Cerda），另一位是《依据艺术原则建设城市》（City Planning According to Artistic Principles）（1889年）一书的作者德国规划师西特（C. Sitte）。前者不仅完成了巴塞罗那的规划并付诸实践，同时完成了他的著作《城市化的一般性理论（The General Theory of Urbanization）》，第一次提出了"城市化"的概念并论证了其具有无限扩张的本质，而后者预示到了机械式的规划手法将会给城市带来的后果，提倡将文化观念同时注入城市规划设计之中，提高城市空间的人文质量。遗憾的是这两部重要的著作直到20世纪末期才真正受到重视。

　　正如塞尔达预示的那样，至1891年，欧洲居住在城市的人口进一步提升达到54%，这就意味着19世纪中叶迅速建起来的城市依然不能满足人口增长的需求，出现了更多的大城市问题和社会问题。英国社会学家霍华德（E. Howard）针对这个问题提出了著名的"花园城"的策略（1902年），通过城乡优势互补的方法缓解大城市的问题。法国建筑师柯布西耶（Le Corbusier）基于他在巴黎的经历提出现代城的模式（1922 年），该模式以高度集中的策略节省出大量的土地，为城市提供更多的公园和绿地。美国建筑师赖特（F.L.Wright）则根据美国的状况提出消解城市（The Disappearing City）的策略（1932 年），他的"广亩城"用完全分散的用地布局彻底消除因集聚而产生的城市问题。同年，也就是雅典宪章签署的前一年，柯布西耶改进了他 10 年前"现代城"的方案，提出了著名的"光明城"（The Radiant City）的城市模式。"光明城"模式保留了"现代城"模式高度集中的特点，不同的是有了清楚的四大功能分区。根据美国学者芒福德（E. Mumford）的研究，国际建筑师大会（CIAM）的十次会议讨论的焦点并不是建筑形式问题，而是城市问题，尽管他们为创造新时代的建筑而集聚在一起，建筑的主题因城市的问题而被淡化（实际上新的建筑形式和设计方法已经不是问题，至少不足以成为当时的关键问题）。芒福德在对 CIAM 历次会议的背景和主题作了充分的梳理和研究之后，认为由于 CIAM 在城市问题上不能有更为行之有效的讨论，在第 10 次会议之后决定终止。城市问题的讨论依然继续，展开了大量的研究，这些讨论和研究构成了《马丘比丘宪章》产生的基础。

纵观整个发展过程可以清晰地看到，19 世纪初到中叶 50 年的实践里，城市化催生了欧洲一批大城市。20 世纪初为解决大城市的问题霍华德提出了城乡互补的"花园城"的设想，同样是为了解决大城市的问题，柯布西耶提出了高度集中的"现代城"，而身处美国的赖特提出了以消解城市的方法解决城市的问题，之后柯布西耶再度提出功能分区明确的"光明城"直至《雅典宪章》诞生。然而，这些基于时代科技进步的策略 [2] 并没能很好地解决大城市问题。40 多年后《马丘比丘宪章》从前辈的理论和实践中汲取了教训，基于以人为本的思想，提出了全面、协调和可持续发展的规划理念。实质上城市化的真正驱动力是资本逐利行为，城市的物质空间则是资本运作的平台，显然大城市的问题不可能仅通过物质空间的规划得到解决。因此，尽管《马丘比丘宪章》是城市规划公认的重要纲领性文件，但是，它所提出的理念还没能也无法直接转化为解决大城市问题的方法。时至今日，无论是高度城市化的欧洲还是正在城市化进程中的中国，大城市的问题依然是解决的难点□。

□ 图 1 P39

经历了 30 多年快速城市化进程，我国城市在数量和尺度上都有了前所未有的膨胀，甚至出现了城市群，我们正在经历着当年"宪章"所提及的各类城市问题，那么我们现在具备了理解《马丘比丘宪章》中讨论建筑问题的基础。

再看城市建筑。在城市化开始之前或初期，城市被看作是一个人们集聚在一起生活、交换、交往和聚会等活动的场所，城市建筑既是活动的承载者又是城市空间的视觉主角。基于这个认识，欧洲城市化进程中，任何城市发展策略都包括了具体的建筑策略，如1850 ~ 1900 年期间奥斯曼的巴黎规划中的街区划分和建筑单元类型□、塞尔达的巴塞罗那规划中 133 × 133 格网划分和建筑类型□，以及西特的维也纳规划中街道结构和建筑定位等策略都充分体现了欧洲"造城"的传统。20 世纪初的欧洲已经达到城市化的鼎盛时期，城市的性质已经改变，但是城市建设并没有因城市性质的改变而改变，依然秉承着基于建筑策略"造城"的传统。霍华德聘请了建筑师为其"花园城"设计建筑类型 [3]；赖特为他的"广亩城"规划了各类用途的土地、道路形式，亦工亦农所需要的地块规模及其居住形式，并给出了具体的设计方案证明其可行性；柯布西耶更是如此，他的"多米诺体系"就是城市的基本单元 [4]。同样，《马丘比丘宪章》在论述城市的同时也不会放弃对建筑的建议，所不同的是，

□ 图 2 P39
□ 图 3 P40

"宪章"只有反对和建议，却没能和前几次一样给出具体的类型。值得重视的是，19 世纪中叶的城市建设给人们留下了现在看来依然优美的城市，而 20 世纪以后的策略当时就遭到来自专业内外的诟病，在欧洲几乎无法实现或只能部分得到实现。所以，《马丘比丘宪章》既反对现代建筑孤立的建筑形式语言，又反对任何复古和倒退。它无法给出具体的类型，只是在原则上强调了建筑、城市和园林要统一，依靠于公众参与。

回顾我们这 30 多年快速城市建设的历程，并没有一条清晰的设计思想的脉络，表现出传统意识和现代概念相互交织，传统的做法和时髦的表象并置。我们的城市物质形态和空间与欧洲存在很大差异，所以要回答"宪章"的建筑观念对我们今天是否具备现实意义，还需作进一步梳理。

比较

中国和欧洲都有着悠久的城市历史，原本都有着相应的如何组织城市建筑的方法。比较城市化进程中城市建筑形式更替的原因或许对我们有所帮助。瑞斯（J. de Vries）在他的重要著作《欧洲城市化 1500-1800 年》中指出，欧洲的城市化远比人们想象的要早得多 [5]，他以大量的数据为支撑，论证了文艺复兴时期的城市化进程、特征以及贡献。瑞斯将这一时期的城市化定义为欧洲早期的城市化。基于瑞斯的研究，我们对欧洲城市建筑的梳理应该包括这一时期。我国也有着漫长的城市化孕育期，然而直至 20 世纪 80 年代初才真正起步。

1500 ~ 1800 年间主要是文艺复兴时期，此时的建筑一直是西方古典建筑的精华。文艺复兴建筑特征之一是创造了"城市建筑"。建筑立面的段式和韵律分别为不同建筑的组合提供了统一的原则和变化的规律，后期的巴洛克建筑手法更加淡化了单个建筑细节，强调了形式的连续性，又不失个体的风范。巴黎美院的学院派建筑以文艺复兴建筑为蓝本，将这些规则冶炼得更加成熟，既能应对纪念性建筑的个性，又能应对城市街区地块的复杂性，还能和历史建筑相互协调。这个时期建筑的发展为欧洲 19 世纪中叶的大规模建设积累了丰厚的城市建筑类型和经验。而我国的城市发展史上没有经历过这样的类似的时期，进入快速城市化时期之前，在建筑类型方面，我们只有 20 世纪 30 年代起受西方建筑影响的少量的公共建筑类型，以及 20 世纪 50 年代开始有的住宅区的类型 [6]。

1850 年，巴黎城市更新同样也面临着拆迁和重建，也面临着建筑式样的选择，当时奥斯曼在制定巴黎新建筑的样式时毫不犹豫地选取了成熟的学院派建筑。因为经过历史积累的建筑类型能够表达新城市的整体风貌，也体现了当时中产阶级的品位。在 19 世纪城市扩张中，街区尺度和建筑类型是控制城市形态的基本要素，街区的划分考虑到了建筑摆放的可行性，建筑平面包括了沿街建筑类型和转角建筑类型，这些组合在一起奠定了宜人的城市空间。正因为如此，19 世纪末 20 世纪初（城市人口已达 54%）欧洲城市化进入鼎盛时期，已经形成了良好的城市形态和有特色的城市空间。

现代建筑从诞生开始就力图抛弃古典的建筑形式探索新的形式语言，它在结合结构技术创造新的建筑空间方面取得前所未有的成就，然而它过分关注自身的完美而关闭了与周围环境对话的可能性。当现代建筑形式普遍用于城市时却遇到了问题，遭到来自多方的批评。其实原因不在于功能不合适，也不在于形式不合适，而在于它们没有形成人们需要的城市空间。正如《马丘比丘宪章》所批评的那样，现代建筑都是"在阳光下的体量的巧妙组合和壮丽表演"。另一个原因同样值得思考，当城市的复杂性被充分认知后，城市规划从建筑设计范畴中独立出来成为专门学科。原先以地块为主的街区的划分方式转变为以路网为主的街区划分方式，交通组织和通勤速度成为主要考虑因素。当街区、地块和建筑三者之间有机的关系断裂之后，建筑不再是街区的一个组成部分，而只是地块中的一个独立物体，失去了和城市中其他建筑之间承上启下的关系□。《马丘比丘宪章》曾经批驳了 20 世纪 60～70 □ 图 4 P40 年代欧洲的某种试图恢复 19 世纪折中主义建筑的倾向，从城市空间质量的视角去看，这种倾向并非有意恢复 19 世纪建筑的风格，而是想恢复 19 世纪时期街区建筑的规矩，作为挽救城市空间的手段。

20 世纪 30～70 年代的 40 多年间，欧洲完成了从《雅典宪章》到《马丘比丘宪章》的认识过程，而我们却是经历了抗日战争、解放战争和新中国成立后的包括"文革"在内的各类政治运动。当我们城市化开始起步之时，本着向西方学习的精神接了现代建筑观念和《雅典宪章》的城市理念，并以前所未有的速度付诸实践。有意思的是，现代城市的理念和格局源于欧洲，却在我国得到了充分的实现。所以，当我们初步完成城市建设时，却发现我们丧失了许多原本城市应该有的质量。有观点认为我们的城市和欧洲的城市相比之所以差距较大，是因为我们建得太快，几十年的时间完成了他们 100 多年的建设量。其实，不只是时间的问题，规划与设计的模式更为重要。我们以现代城市为蓝本的模式使得城市中的建筑各自独立，相互之间没有构成可识别的城市空间。这就是为什么《马丘比丘宪章》中反复强调的建筑的连续性和城市空间的连续性，可以引发我们对于城市规划与设计方式做深刻的反思。

《马丘比丘宪章》的产生既有实践的教训和经验，更有艰辛的理论耕耘。20 世纪 60 年代开始，城市形态与城市空间成了西方建筑学包括城市规划领域里热门的主题，地理学和社会学的学者也共同参与。大量研究城市的文献、著作和论文开始出现 [7]。20 世纪 50 年代城市设计在西方渐渐兴起，其目的是在城市和建筑之间重新架起联系的桥梁，构成原本就该有的整体形态。这些研究一直持续到现在，不断涌现的学术文献显示出讨论正在深入 [8]。20 世纪后期，信息技术拓展了城市空间的潜力，同时也注入了新的概念和技术手段，城市研究已经成为建筑学学科中的重要问题。和《马丘比丘宪章》的那个时代相比，我们缺乏严谨的、大量的、深入和广泛的理论研究，只有这样才能真正有效地解决问题。可是现在的情况是，有太多的事情需要去做，没工夫想。

思考

改革开放的 30 多年，我们在城市化进程中完成了工业化，跟随着信息化的同时也接受了全球化。在建筑设计方面，我们在接受现代主义建筑形式的同时也很快受到后现代的影响；在还没来得及反应后现代是否适合我们之际又被解构主义、地方主义、结构主义、新城市主义以及专业界比较欣赏的简约主义等一系列新形式所吸引。当然，伴随着学习，我们也有不少基于自身文化的设计创新。就建筑形式而言，在我们的城市中发达国家有的新形式我们有了，发达国家没有的形式我们也有了。可是当我们抬头环顾城市的时候，有兴奋和激动，然而更多的是无奈。我们有不少漂亮的建筑，但是少有宜人的城市。在此借助阅读《马丘比丘宪章》，做些思考。

城市化语境下的建筑学

城市化是自19世纪以来人类最重要的活动之一，它的重要性体现在城市化改变了人们生存的环境，人造环境取代了自然环境成为人们主要的生活空间。经历了30多年城市化历程，我们已经看到由城市化催生的城市首先是经济运作的平台和创造财富的地方，其次才是生活、交换、交往和聚会的场所。由于城市性质的改变，城市物质形态并非是需求所致，而是城市化进程中各方利益的博弈的结果。建筑学是创造这个环境的具体的执行者，因此它不可能独立于城市化语境而获得所谓的"自治"，只能因城市的性质作出相应的调整。当然会导致城市建筑的角色变得非常复杂，现实是，建筑设计已经不再仅仅是专业的问题，建筑的形式语言有时也不得不被资本所裹挟。针对这些现象西方建筑理论界早已有"建筑学"已经死亡的哀叹。仔细分析，这些现象并不意味着建筑学的消亡，消亡的是传统建筑学的概念。认清这一点，有助于我们站在新的起跑线上，基于我们城市的问题和需求，给城市化语境下的建筑学注入新的内涵。

从关注建筑体积到关注城市空间

《马丘比丘宪章》里论述了现代建筑的几个依然有效的特点，其中最有意义也是对学科贡献最大的是打破传统建筑一成不变的盒体，解放了建筑的空间。这是一次革命性的贡献。在这个定义下，所有建筑构建都从属于空间，为人所用的空间。灵活地分配建筑内部空间也是中国传统建筑的精华，在这个层面上，我们完全可以基于自己的传统汲取其间的精华。

"宪章"提出城市建筑应该具备连续性，实际上强调了城市空间的重要性。大量的建筑集聚于城市，各个单体并没有关系，能将这些单体连接起来的只有城市空间。城市的秩序也就是空间的秩序。现代建筑创造的空间并不只适合于建筑内部，传统城市中也有许多支持人们活动的空间。因此，基于现代建筑的空间观念和传统城市空间范例，依然可以创造城市空间。显然，城市空间的构成不可能由单个建筑完成，而是相邻建筑共同组合的结果，构成城市空间的难点在于如何控制不同建筑与此相关的界面。在传统城市中，依靠建筑的基本类型控制了城市的整体物质形态。现代城市建筑并没有相应城市建筑的类型，所以摆在当下城市建筑面前的有两个主要任务：构建实用的内部空间和与之相应的外部空间。探索将现代建筑空间的艺术转化为城市空间的艺术，为人们创造不仅通过视觉，而且通过精神和身体感觉的城市空间。这就意味着，在城市建筑的语境下，单体建筑的任务并不是要在城市中彰显自己的形体，而是力图消解形体，通过消解形体才能构筑城市空间。城市建筑的审美标准也可能随之发生变化，追求在享受城市空间的同时发现建筑的美。作为城市建筑，它的立面比任何一个时期都重要，其价值在于它的空间位置和走向，而不是古典建筑所强调的立面的比例与构图。

可持续的城市形态研究

与城市空间相对应的是城市的形态（Urban Form），尤其是中观层面的肌理形态是城市空间的另一种表现方式。对于建筑师来说，城市形态可以成为一个研究和实验的平台，不仅可以研究城市空间构成关系，研究城市空间的生成规律，还可以研究地块功能、用地指标和城市物质空间形态的关联性。20 世纪 60 年代由地理学、建筑学和社会学家共同组成了城市形态学（Urban Morphology）这个交叉学科研究平台。基于这个平台学者们已经产出了令人关注的城市形态学知识，它帮助城市设计者认识到街区、地块和建筑之间相互限定的关联性机制，以及其间的要素。如果城市是建筑生存的基本环境，那么城市形态学应该如同结构力学一样成为建筑师的基础知识。

为提高土地使用效率，紧凑型城市应该是我国城市发展首选的策略，尤其是东部沿海发达地区。紧凑型城市的要义是需要打破传统的二维思维方式，从三维空间的视角看城市并进行空间配置。为此，基于紧凑型城市形态特征的研究如：经济效益导向的城市功能分配与物质形态生成的关联性问题；交通要素导向的物质形态组合关系；城市立体交通与形态创新的可能性和城市公共空间的评价体系等等都有待探索。在紧凑型城市中，建筑师更需要有三维空间场地的观念，不再可能基于二维平面自娱自乐，此时，思考建筑的界面比思考建筑的形体要有效得多。

紧凑型城市的另一个特征是高密度，即人口的高密度和建筑的高密度。高密度城市容易引发城市物理环境的问题，主要体现在城市的光环境、风环境、湿环境和热环境，以及目前大家非常关注的空气污染问题。城市微气候学研究已经发现城市空间形态和城市物理环境之间存在着密不可分的关系，可以通过改善城市空间界面的关系改善城市局部的微气候效应。如果我们说城市设计本质上是通过设计探索建筑界面在城市中的最佳位置的话，除了考虑经济指标、空间感知关系之外，还应考虑城市的物理环境。

综上所述，我们当下面临的城市问题比 20 世纪 60~70 年代面临的问题要复杂得多，知识积累也多，对城市本质的认识更加清楚。当下，中国已经开启了新型城镇化的征程，建筑学作为建造城市的学问，其目标是为人们提供宜人的内部和外部空间。正如《马丘比丘宪章》中倡导的那样，建筑师应该摒弃光怪陆离的盒子，创造视觉舒适和物理环境效应良好的相互关联的城市建筑。

（作者：丁沃沃，南京大学建筑与城市规划学院院长，教授）

注释

[1] 本文选用《马丘比丘宪章》中文版版本是陈占祥先生1979年翻译的版本。资料来源于中国科技论文在线CNKI。

[2] 霍华德的"花园城"理念是建立在火车可以作为城乡之间快速连接的交通工具；柯布西耶的"现代城"和"光明城"都建立在汽车作为主要交通工具，城市各部分用立体路网进行连接；而赖特则认为私人小汽车和小型飞行器可以成为主要交通工具，解决点到点的连接问题。避免集聚，消解城市。

[3] 霍华德为了证实他的花园城的可行性，专门聘请了建筑师具体研究了街区和地块划分的经济性和可行性，同时为花园城的不同阶层居民设计了各类住宅（Fishman, R.：Urban Utopias in the Twentieth Century: Ebenezer Howard, Frank Lloyd Wright, Le Corbusier）。

[4] 柯布西耶的"多米诺体系"住宅体系并不只是讨论工业化设计，也不仅仅讨论住宅的单元组合，而是整体的建筑设计思想和模式。在他看来，工业化生产既可以降低建造成本，又可以大量生产，这样可以解决大量低收入群体的住房问题。"多米诺体系"丰富组合的可能性既可以满足生产的标准化，又可以满足组合的多样化，适合各种人群的需要。这样整个光明城可以基于"多米诺体系"建造起来。

[5] 瑞斯（J. de Vries）认为城市化的标志可以通过三个特征来证实，即：人口特征、结构特征和行为特征。

[6] 1951年5月，曹杨新村作为新中国的第一个工人新村开始筹建，1953年曹杨新村成为上海第一个对外开放的居民住宅区。

[7] 在《马丘比丘宪章》起草的年代，城市的问题和城市建筑的问题，大量关于城市问题载体的城市物质空间形态问题得到重视，产生了围绕该主题的重要著作和多视角的学术期刊。重要的著作有：Conzen, M. R. G. (1960): Alnwich, Northumberland: A study in Town-Plan Analysis; Lynch, K. (1960): The Image of the City; Rossi, A. (1966): The Architecture of the city。重要的期刊有：Urban Studies (1964)，Built Environment (1974)，Environment and Planning B: Planning and Design (1974)。

[8] 20世纪90年代中期至今关于城市形态或空间的新的研究大量涌现，产生了更多的有影响力的学术期刊：URBAN DESIGN International (1996), Journal of Urban Design (1996), Urban Morphology (1997), Journal of Urbanism: International Research on Place making and Urban Sustainability (2008), The Journal of Space Syntax (2010)。

参考文献

[1] 陈占祥. 马丘比丘宪章[J];国外城市规划;1979年00期。

[2] Colquhoun, A. .On Modern and Postmodern Space [In]. Ed. Ockman, J., Architecture Criticism Ideology [M]. Princeton, New Jersey: Princeton Architectural Press, 1985: 103-117.

[3] Panerai, P. .Haussmannien Paris: 1853-82 [In]. Urban Form: The Death and Life of the Urban Block [M]. CO. UK: Planta Tree, 2004: 1-29.

[4] Aibar, E. and Bijker, W.E..Constructing a City: The Cerda Plan for the Extension of Barcelona [J].Science, Technology, & Human Values, Vol. 22, No. 1（Winter, 1997）, pp. 3-30.

[5] Collins, G. R. and Collins, C. C..CamilloSitte: The Birth of Modern City Planning [M]. Mineola, New York: Dover Publications, INC.. 2006: 133.

[6] Fishman, R. . Urban Utopias in the Twentieth Century: Ebenezer Howard, Frank Lloyd Wright, Le Corbusier [M]. Cambridge, Massachusetts: The MIT Press, 2002: 23-88.

[7] Mumford, E..The CIAM Discourse on Urbanism, 1928-1960 [M]. Cambridge, Massachusetts London, England: The MIT Press, 2000:

[8] Mumford, L.. The City in History: Its Origins, Its Transformations, and Its Prospects [M]. San Diego New York London: Harcourt Inc., 1989.

[9] Vries, J. d.. European Urbanization，1500-1800 [M]. London: Methuen And Co. Ltd.. 1984: 254.

[10] Kojima，R..Urbanzaition and Urban Problems in China [M].Tokyo: PMC Publications, Inc., 1987: 122.

[11] Jordan, R. F..Western Architecture [M]. New York: Thames and Hudsen, 1988:

[12] Egbert, D. D..The Beaux-arts Tradition in French Architecture [M]. Princeton, New Jersey: Princeton University Press, 1980.

[13] Rossi, A..The Architecture of the City [M].Cambridge, Massachusetts, and London, England: The MIT Press, 1982.

[14] Cuthbert, A. R.. Urban design: requiem for an era – review and critique of the last 50 years [J]. Urban Design International, 2007, 12: 177-223.

[15] Gehl, J..LifeBetween Buildings – Using Public Space [M]. New York: Van Nostrand Reinhold Company, 1987.

[16] 丁沃沃，刘青昊. 城市物质空间形态的认知尺度解析 [J]. 现代城市研究，2007（3）：32-41。

[17] Moudon. A. V..Urban morphology as an emerging interdisciplinary field [J].Urban Morphology, 1997,1: 3-10.

[18] Erell, E., Pearlmutter, D., Williamson, T.. Urban Microclimate: designing the spaces between building [M]. UK MPG Books: Earthscan Ltd, Dunstan, 2011.

图片来源

图1：自绘

图2：同参考文献［3］

图3：同参考文献［3］

图4：选自谷歌地图

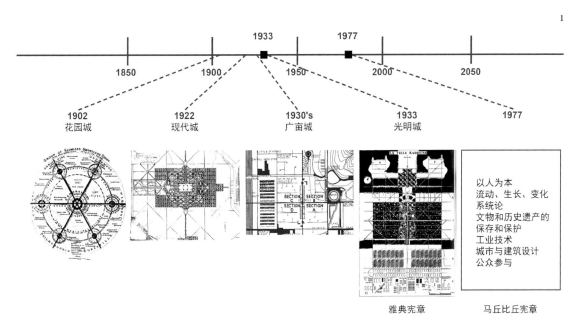

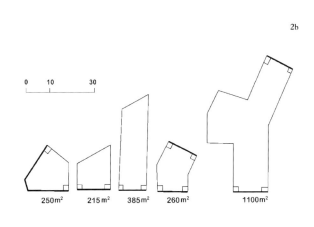

1   不同历史时期所面临的城市问题及其对策
2   19世纪中叶巴黎城市规划中街区划分、地块划分与建筑类型
      紧密结合,图a表达了地块最终尺寸的确认方式,图b表达了
      地块出让前必须确认适合于建筑的摆放,并有足够的临街界面
      (黑色粗线表示地块的临街面)

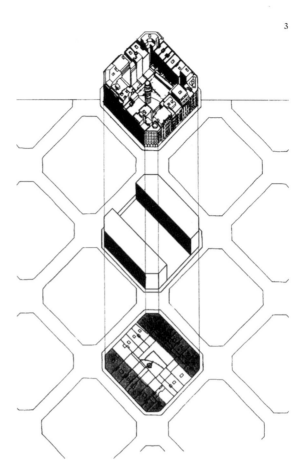

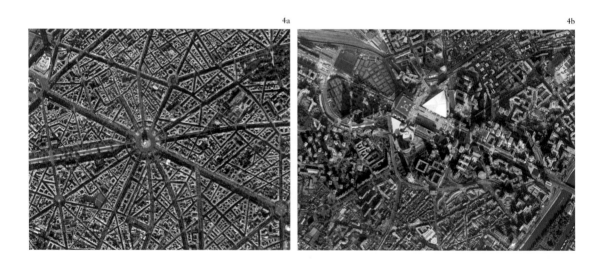

3　19世纪巴塞罗那新城建设规划中，街区尺寸结合建筑的使用方式

4　巴黎城市卫星影像。图 a 是奥斯曼时期建成的街区形态，建筑街区融为一体，并构成了清晰的城市空间；
　　图 b 是 1980 年代开始全面启动的巴黎拉德芳斯新区，建筑、地块和街区没有紧密的关系摘要：本文对旧城改造中的历史空间存续和再生，在认知和实践的层面上作了深度探讨，特别是从北京城的当代变迁切入，比较了现代性在中西城市更新中的不同呈现方式，指出了二者在文明层级和发展阶段上的差异；反思了西方影响和中国实际背景下的城市更新途径；主张在历史空间之于城市进化的积极意义方面，思考和探索保存与更新的关系。文末以笔者主持的相关课题为例，讨论了历史空间存续和再生的具体方法。

关键词：现代性、旧城改造、比较、历史空间、存续

Abstract: This article discusses the epistemology and practice regarding the preservation, renovation and revitalization of historic places in radical urban development. Taking Beijing's modern urban transformation as an example, it compares the different expression of modernity in the urban renewal process between China and the West,teases out their respective patterns of civilization and stages of evolution underlying such difference, and reflects on the Chinese mode that possesses clear influence from the West, and deals with the real social problems in China. The article further calls for a fundamental rethinking of the practice by establishing a constructive relationship between conservation and development. The article ends with a case study of the project designed by Chang Qing Studio which attempt to explore a more sophisticated method of historic preservation and renovation in a local context.

Key words: Modernity, Transformation of Historical City, Comparative Perspective, Historic Place, Preservation and Renovation

思考与探索
——旧城改造中的历史空间存续方式

常青

Rethinking and Exploration on Preservation and Renovation of Historic Space in Transformation of Old City from Comparative Perspective

Chang Qing

一、改造的悖论

今天，在一些高速城市化进程中的经济发达地区及中心城市，特别是东部沿海城市群已进入后工业时代，但城乡结合部、中小城镇和广大农村地区还处在前现代或初级工业化改造阶段，各地的经济、社会发展和城乡景观发展水平极不平衡，这是我们从事研究和实践的立脚点，也是一切观察、思考和行动的基本出发点。本文讨论的"历史空间"，特指整体结构和肌理尚存的城乡历史风貌区（历史文化街区），特别是代表城市文化身份的历史纪念地（历史中心）。所谓"存续"，是指历史城市更新中保存和添加、存量和增量之间的辩证关系。没有"存"，就没有由来和根基，故先得弄清楚历史空间保存的目的和方式；没有"续"就没有活力和未来，而历史空间要存在下去，在大多数情形下，必然要有新与旧之间的接续。但究竟是两项"断续"的新旧交错，还是各自"连续"的新旧分立，都需要作审慎的思考和推敲。

近一个世纪以来，直到改革开放之前，农耕文明的传统中国走向工业文明的现代中国，演变进程是相对缓慢的，虽有制度层面的激变和初期工业化改造的跃进，但并未从物质表层改变城乡二元结构及历史空间的整体面貌，更未从文化深层改变人们的思维和行为习惯。但是随着城市（镇）化进程从缓慢到加快，特别是近30多年来的飞速进展，城市旧区的改造开发和村镇的撤并集聚，使大多数城乡地区原有的自然和社会生态系统瓦解或改换，以历史空间为标志的地域文化特征正以极快的速度消失。无疑，这种文明进程在任何一个走向现代化的国家和地区迟早都会发生。传统文化作为精神的存在，已经或正在远离我们而去，而承载这一文化的历史空间，就传统本身而言，其保存的方式如何选择？价值如何传递？有无可能通过某种再生方式，激活一部分传统"文化基因"，并使之融入现代生活，而不仅仅是把历史空间作为遗产观光的空壳来摆弄？在社会转型和历史转折的关头，必须尝试回答这些关键问题，而建筑学科对此尤其无法回避。

现代性（Modernity）以物质和工具的合理性为基础，要从思维方式、组织形态到行为习惯诸方面，更新一切有悖于合理进化的存在。自启蒙时期开始，200多年来人类聚居地的大幅度改变，包括历史城市的更新变貌，以及城市扩张所带来的乡村改造和城市（镇）化，都是现代性无形力量推动的结果。在全球化时代，中国所代表的东方国家也莫能例外，而且变化更为剧烈。这就导致了一个逻辑悖论：其一，现代性促成了合理的城市化和建筑现代化，创造了舒适便利的建成环境（出自工具理性的判断）；其二，现代性引发了传统断根的城市化，打破了生态系统的平衡，造成了乡村景观的颓萎（出自价值理性的判断）。于是乎，高更（Paul Gauguin，1848—1903）的"我们从哪里来？我们是谁？我们往何处去？"，至今依然是萦绕着历史空间去留的时代问题。就城市与建筑演进的反思而言，这一悖论归根结底是在说，物质现代性使人类聚居地已经或正在发生地域特征的销蚀或均质化，以及地方传统的丢失。对此，刘易斯·芒福德（Lewis Mumford，1895—1990）早有洞见，他认为城市属于特定的"地域"，而"地域，是一种包含了地理、经济和文化元素的综合体"。这种地域综合体随着城市的改造和扩张发生了质变。他反问欧洲百年来大规模的城市改造及其后果，"是否这意味着每一代的当代城市都会被更新？是否这意味着城市将无限'生长'并无限扩张？是否这意味着19世纪如此猛烈的破坏和拆除过程将延续下去，毁灭过去的一切遗迹？对第一个问题我们的回答是：对，后两个则是：错"[1]。毫无疑问，作为社会达尔文主义的代表人物，刘易斯明确主张城市在不断的更新中获得新生，但更新不能与粗暴的拆旧建新划等号，相反，以某种方式保留有利于文化传承和再生的历史空间，乃是城市更新的必备前提。无论怎么说，悖论始终存在，想象和现实的矛盾难以调和，"对"和"错"之间存在着不确定的模糊空间，只有不断地反思和批判，才有可能对之有所洞察和理解，在实践中有所修正和进步。

事实上，面对历史空间的变迁，一直存在两种倾向：强调科学合理的"新陈代谢"（更新）和坚守历史价值的"休动莫扰"（保护）。前者从社会进化论的角度看似乎毋庸置疑，但重的功利心往往不屑瞻前顾后；后者对激进改造的制衡作用理所当然，但若过于"原教旨"常常也会事与愿违。问题是如何才能鱼和熊掌兼得，实现保护前提下的更新？在历史空间的相关语境中，这是个无处不在的问题。对此，各国、各地区、各城市情况千差万别，很难一概而论，并无放之四海而皆准的范式可以遵循。从新中国城乡改造的历程和结果看，这个问题始终萦绕未解。而要对上述悖论能有比较清晰的认知，就需要观察和分析中国和西方看似相近的演变进程中存在的实质差异。

二、中西比照

19世纪中，作为西方近代典型案例，主张激进改造的法国巴黎"奥斯曼计划"（Haussmann's Renovation of Paris），以20年的时间，近乎彻底地改造了整个的巴黎城，拓宽修直道路，拆除了中世纪以来的大多数建筑物。但"奥斯曼计划"却留下了以新古典主义为基调的，普遍有着较高建造质量并仍适应于今日使用的巴黎近代历史结构和优美景观。与之相对应，从20世纪初起，中国也开始了旧城改造的进程，最具争议的，莫过于20世纪50~60年代对明清北京城墙和城楼、牌楼等历史地标的拆除，并波及首都之外，同期拆城墙风潮在全国绝大多数历史城市相继发生。纠结这段历史的缘由，多出自对已逝古都文化遗产的怀恋和对其社会历史动因的反思。但是古城边界——城墙的消失还仅仅是个开端，从 20 世纪 80 年代至今的 30 多年时间里，全国范围更大规模的旧城改造运动以摧枯拉朽之势，不仅使几座古都的历史风貌发生结构性巨变，而且使全国大部分重要历史城镇也都经历了初级工业化改造的洗礼，完整保存的古城形态标本仅有平遥这种极个别的特例。这一气势恢宏的历史城市大变迁，将农耕文明余晖下的古城旧貌换了新颜，其效率和成就可以说惊世骇俗，前无古人，也促使了城乡历史空间结构进一步崩解，不少地方几乎将之一扫而光。毋庸讳言的是，这些初级改造留下的遗憾和教训是多方面的，从城市（镇）化引发的社会问题及建造质量看，严重的人口超限、交通拥堵、环境污染等现代城市病症，尤其是商品房与保障房比例失衡所引发的社会矛盾日趋严重；低质建造比例大，由县市到村镇，特别在经济落后地区，行政区级层次愈低，建造质量愈差，汶川震灾的警示意义令人触目惊心。至于新建区相似度甚高、地域差别消失等城市景观特色问题反倒还在其次。总之，在城乡二次改造和"新型城镇化"到来的关口上，对上述问题的反思和修正已经显得愈来愈重要了。

耐人寻味的是，一直以来存在着一种误解，以为中国的旧城改造是以牺牲文化遗产为代价，而西方的则不是。上述对比中的事实表明，中西在不同时空背景下却都不可避免地做了相似的事情，这就是拆旧建新。差异主要体现在，西方比中国多出了长达百年的反思和修正时间，中国的拆旧建新还在进行，反思和修正方才开始。两相比照，当代西方城市强调的可持续发展以后工业时代为背景，已经面临"逆城市化"和"再城市化"的现实选择；中国则是两次"浪潮"同时袭来，要从农耕为主时代过渡到工业和后工业时代，演化的基础与西方整整相差了一个文明阶梯。这种跨越式的发展不但是物质意义上的，更是社会和人文意义上的。况且，如何能在这两个层面上，在大、中城市发展的同时，把尚处在农耕或初级工业化阶段的传统城镇带入工业及后工业社会，其艰巨程度可想而知，现实可行性有待缜密论证。单就旧城改造而言，20 世纪的西方建筑界又是如何思考和行动的呢？这里有必要在中西比照中对此问题加以理性的讨论。

从某种意义上可以说，西方现代主义建筑的开创者们多是激进现代性的倡导者。勒·柯布西耶（Le Corbusier，1887—1965）早在 1925 年的《都市规划》一书中就提出，相对于城市现代结构（新城区），其历史结构（旧城区）只能占很小的比例。他认为应当大规模地拆除旧城区，同时隔离式地保留最具价值的历史中心（遗产纪念地），大有要启动新一轮"奥斯曼计划"的豪情。幸运的是，他的巴黎伏瓦生规划并未付诸实施，随后在他直接影响下的《雅典宪章》问世，似乎对历史遗产的关注也增加了，明确提出了保护的原则。但柯氏们的出发点依然是新旧城市结构分开，强调不要让历史遗产成为现实发展的羁绊，这一点基本上代表了现代主义大师群体的史观和态度。比如，赖特（Frank Lloyd Wright，1867—1959）对此的看法就与柯氏完全类似，他在 1939 年出版的《有机建筑—民主的建筑》一书中提出，伦敦改造应拆除大片的低质旧城区，而将重要的历史地段隔离保存 [2]。两位大师思想上的共同点就在于，第一，均不主张大幅保留历史结构，而是要拆掉他们认为根本没有保存价值的旧城区，并以大片绿化带将历史中心与新城区隔离开来，将之视作被膜拜的墓园或圣地；第二，都不屑于历史与现实的混搭，而是主张历史结构与现代结构二元化，并未考虑到如何使前者通过再生融入现代城市生活的途径。

与之相关，在北京城现代转型之初，1950 年由梁思成（1901—1972）和陈占祥（1916—2001）两位前辈提出的"梁陈方案"，主张北京旧城与新城区（行政中心）东、西分立，以西城墙外的大型绿化带，将新城区与旧城区隔离开来。从这一方案中既可以窥见历史空间守护者的价值取向，亦可看到西方现代性思想中，关于城市改造宜新、旧分开的理念踪影□。但外来理念和内在国情相去甚远，西方后来的城市生长进程接受新、旧分立，但否定了旧区激进改造，如巴黎和伦敦都完整保留了历史结构并进行了内部的适应式再生。前者的新城区主要集中于拉·德方斯（La Défense）开发区，后者则开辟了旧工业区改造性质的码头区商务中心（London Docklands）。中国的情况恰恰相反，否定完整保留旧区的新旧分立方式，选择了旧区激进改造与新区开发并行的发展道路，如北京保留了历史中心（故宫），以对其环绕的同心圆结构展开改造和扩建，最终使新、旧城区形成了此长彼消的演化态势，即现代结构的膨胀式生长，使历史结构不可避免地在撑张中被袖珍化和碎片化□。然而从另一个角度看，这种规划达至七圈的环城同心圆伸展方式，在某种意义上不正是中国古都的"择中"结构，一方面极力适应现代变迁的冲击和挑战，一方面又为社会历史的潜意识诉求所牵动，在矛盾和复杂转型中的延续和变异吗？虽然从文明演进阶梯差异的比照中可以理解，中国的历史城市更新必然要走不同于西方的道路。但就古都进化而言，必须回答的是，这种同心圆结构的扩张是否已经超限？也即这种超巨型都市在社会的经济、文化和环境诸方面，对过度撑张负面后果的承受力和适应力究竟有多大？尽管这个问题已完全超出了本文讨论的范围，但是对历史城市更新的认知和反思，确乎应考虑这样一个难以绕过的现实背景。

□ 图 1 P50
□ 图 2 P50

□ 图 3 P50

总之，中西历史城市在现代演进中所表现出的差异，从深层观念上追索，实质上反映了现代性在不同国情、历史背景和演化阶段中，所呈现出的不同方式和结局。一个不应忽视的历史事实是，同为迈入现代的首次大规模旧城改造运动，中国的起步比西方晚了至少一个世纪以上。也就是说，西方在 19 世纪后半叶，已拥有工业化改造后的现代城市，而中国直到 20 世纪后半叶，绝大多数历史城市还刚刚从农耕文明蹒跚走出。二者的"旧城区"完全不在同一个演化时空层次上。因此，对于中国的这些历史城市和地方风土建筑而言，保护与再生的难度大大超过西方是显而易见的。比较特殊的情况是，中国 19 世纪的开埠城市，近代化程度与西方城市接近，更有条件在旧城改造的同时，留住尽可能多的历史馈赠。比如上海自 20 世纪末开始的旧城改造以来，规划保留了民国旧市区约 82km² 的 1/3，即 12 片共约 27km² 的近代历史文化风貌区，并在其中引入了一些现代转换与活化的方式[3]。

三、探索路径

20 世纪末美国的世界未来学会曾预言 21 世纪为再生的世纪，对于建筑与城市空间而言，将不是以新建为主，而是以包括历史空间在内的既有建筑适应性再生为主，这将引导未来城市建设的主要走向。比如美国纽约曼哈顿地区存在着从 19 世纪末到 20 世纪前期的大片现代城市历史景观，包括以新古典主义、哥特复兴和 Art Deco 为特色的摩天楼群、苏荷（South of Houston）工业历史街区等，与华尔街金融中心的其他建筑一样，仍然以其标志性的历史空间承载着纽约城市中心的生活形态。这些已过或将过使用寿命期的历史空间，特别是摩天大楼，如何在使用和维护中延年益寿，是非常棘手的难题。在某些情况下，为了再生的需要，历史建筑的内部和周边也会进行加建或扩建，或在严格保护的内部空间中，以"可逆性"原则，进行适应新功能需求的室内装置和装修设计。比如巴黎卢浮宫，为了扩大展示、储藏空间和满足人流组织的需要，在中央广场、两翼和地下部分都进行了加建和扩建。柏林的议会大厦在建筑中央的第二次世界大战废墟部位进行的"换胆"式改建，形成了一个运用生态技术的议会厅和上部玻璃穹窿空间。巴黎的奥赛博物馆本是一座老火车站，整个建筑作了"标本"式的保存，内部则设计了"可逆性"的展馆装置。

上述几个案例无疑都是历史空间存续与再生的经典，说明其保存在价值判断上虽是绝对性或确定性的，但其再生及其周边城市环境的更新，却是相对性的或选择性的，其中保护本体之外的更新，对历史城市的未来更具选择性。20世纪60年代中，欧洲的建筑类型学（Typology）就提供了影响广泛的一种选择。阿尔多·罗西（Aldo Rossi，1931—1997）在他的《城市建筑学》中认为，历史城市具有传承"集体记忆"（Collective Memory）的社会功能，而所谓城市"集体记忆"，指的就是城市人对既往建成物（Artifacts，包括建筑物、街道、广场等城市空间要素）的各种类型，在社会普遍的类似经验和集体无意识中被认同的意象，表现为不同建筑表象所具有的"类似性"特征（Analogy）及其内部所蕴含着的共同"原型"（Archetype），以获得城市空间特有的历史身份。在欧洲，这成了城市传统延续和转化的一种普遍方法。其实，中国江南城镇的滨水复街，闽粤和海南的骑楼老街等，都是研究历史空间"原型"的绝好对象。遗憾的是，太多地方的历史空间在改造中都未能保持和发展这种类似性的特征，而是热衷于建造与当地史地背景并无干系的东西，无论是莫名的抄洋，还是离谱的仿古，实质上都是一样，就是丢掉了当地建筑的文化基因。通过类型学的思考和探索，在旧城更新中确实存在着调和历史结构与现代结构矛盾对立的可能，其关键点就在于能否析出历史结构（类型）中所蕴含着的类似性特征及其"原型"。

与欧洲略有不同，美国式的思考和行动往往更加实用主义，例如哥伦比亚大学出版的《加法建筑学》一书，以欧美近半个多世纪以来的大量实例，评介了历史空间在新旧交融中生长的设计方法及规则，主要针对改扩建项目，意图说明城市建筑总是在不断地叠加中进化的，但处理新旧关系需要加以约束和限定，从该书所举实例的情况看，这些约束和限定，仍给设计创意留下了很大的发挥空间，相对性和选择性是极强的，比如新旧部分的和谐相处方式不拘一格，包括了从类型的相似性、体量的均衡、材质的统一，到界面的泾渭分明及陌生化的反差（Contrast）等[4]。总之，以西方的经验，为了让历史城市适应现代生活，改造更新似乎势在必行，但是在保留历史结构的前提下如何做到"有机更新"，即适应性再生，以实现渐进式的改造，仍是未来城乡改造和城镇化的一个艰巨挑战。

中国在此方面的尝试，以20世纪80年代末吴良镛先生主持的北京菊儿胡同改造工程具开拓性和代表性。该工程以一个仅仅2700m²的四合院更新为样板，率先提出了一种探索的途径：延续北京胡同原有的历史结构和肌理，在四合院原型基础上成倍拓展居住空间，大幅改善群落环境和居住条件，属于类似性的四合院空间更新[5]。十载后的上海黄陂路"新天地"里弄改造项目，将30000m²的石库门住宅及所在弄堂，以保护与更新的名义改造成了休闲观光的酒吧街坊，虽然这种改变传统居住用途的高档化更新（Gentrification）颇具争议，但作为特殊的个案，并未成为一种普适的模式，其积极意义是保存了所在街区的里弄空间肌理，活化了其中早已衰败不堪的生活形态。除此之外，上海的里弄石库门改造还有部分保留、部分重建的"建业里"方式，居民参与开发的"田子坊"方式，以及辅助居民改善环境的"步高里"方式等[5]。在如今城市地价飙升，保护与发展相冲突、各利益攸关方博弈日趋激烈的现实面前，旧城改造的运作愈来愈举步维艰，而"有机更新"如何适应这种复杂的新情况，是国内外都在关注和探讨的焦点和难题。

四、体味案例

笔者主持的团队近年来也一直在城市历史空间的存续方面戮力探索。大约十载前，在做杭州长河镇和上海金泽镇保护与再生的案例研究时[6]，那些地方还是原住民的家园，生活形态还部分"活着"，但最近碰到的一个案例，情况已完全不同，这就是宁波老城的月湖西区，一个此地人曾引以为豪的城市历史身份见证地。

月湖位于宁波老城西南，开凿于唐贞观年间，北宋曾巩（1019—1083）任明州知州期间，于1078年对之做了整体疏浚。湖中港汊交错，星罗棋布，分割出多个洲渚，号"月湖十洲"。发端于南宋的"四明学派"，就曾在月湖一带开坛讲学，成为明清之际"浙东学派"的重要分支。所谓月湖西区，就坐落在湖西侧的雪汀洲和芙蓉洲上，北片东临偃月街，北至中山西路，西和南靠三板桥街及青石街。街区内为南北向的拗花巷和东西向的惠政巷所划分。街巷曲折蜿蜒，保留了原初的水系地貌走向。老街内为三合院—四合院构成的群落，街弄宽度也就3~5m，最窄处不足2m。院落可分为大院、四水汇堂的天井和建筑与围墙之间狭窄的边井等三种类型。建筑多为遒劲的穿斗硬山顶（明间有抬梁式），重檐马头墙和曲线观音兜的青砖封火墙，以及罕见的二者混合体（如"屠氏别业"院落的边墙）。墙体常见下部实砌，与其上空斗的混合砌法，以及上青砖、下粉墙的搭配等常见饰面方式。院内侧建筑表面和临街店铺大量采用木装修。这些简素、内敛的建筑形态及性格，体现了"甬帮"风土建筑的基本特征。

就是这样一处地望深厚、特征显著的宁波历史身份见证地，也面临着旧区改造中保存方式的艰难抉择，以及如何适应现代城市生活的更新挑战。2009~2011年，当地启动该地段保护与改造项目，将原住户迁出，为建地下停车库拆除了地上挂牌保护之外的大片老房子，使月湖西区北片约1.9hm²的历史空间结构几近解体。然而比照各地，回溯过往，旧街区中的大部分，能够受益于规划保护并付诸实施的，在历史城市中并不多见，平遥等仅属极个别的例外。如在台州海门老街的抢救性保护工程中，我们竭力争取的结果，也只留住了其中230m的一段[7]。因而月湖西区的伤筋动骨改造，与其他地方的作为其实并无二致，甚至可看作我们这个时代历史空间落难时的缩影。或许是这一地区人文底蕴深厚，又是城市历史身份的见证地，再加上宁波老街区已所剩无几的窘境等因素，来自各界要求复建月湖西区的压力极大。然而，当一个已经被拆得七零八落的历史街区不得不复建时，就一定面临着双重的尴尬：其一，即使复建成功，也已不再是一个承载着原住民生活的历史街区；其二，原样复建后植入现代城市生活时，又很难适应新的用途。除却必要性，大规模复建只有具备适应性方有可行性。单就复建而言，好在拆除的木构件大多得以保存，也有相对完整的测绘图纸以备复建之需。于是亡羊补牢，从街区走出来的规划专家重新做了保护规划，提出了复建后公益和商住两者必须并重的原则，让恢复后的月湖西区仍能体现一部分原有的老街记忆和历史场所感。我们也在敬畏和放胆的矛盾心态下接受了恢复月湖西区的设计研究工作[8]。

首先是恢复街区内的拗花巷和惠政巷逶迤交错的十字结构、合院群落肌理和传统街道铺地，适当调整街道尺度，适度增加规划路和公共集散空间，谨慎处理街区

□ 图4 P50

□ 图5-1 P50
□ 图5-2 P50

内历史遗址（毁于清末的一座寺院）。街区内交通流线保持步行系统为主，只在局部引入轿车路线。

其次是恰当处理街区与城市空间的界面关系。以沿着北边城市主干道的中山西路侧为例，这里已拆除的临街商住店面房，本是一些质量不高的晚近建筑，没有必要复建。其后50m开外即"屠氏别业"的边墙，是一道特征鲜明独特的景观轮廓线。那么，是将其作为历史空间的界面裸露给城市空间，还是用临街建筑屏障起来，我们为此反复琢磨，当地各方亦非常在意，竟为了这一局部的方案修改，三次请来全国专家评议讨论。我们提供的两个备选方案也因此曲尽周折[ ]。其一是将"屠氏别业"前的空间完全打开，辟为城市广场及宜人的场景：承接历史倒影的水体、舞台、露天茶座；两侧的新建筑，包括跨越拗花巷入口的街廊，均与历史轮廓平、仄相对；新建筑以同样做工的清水砖墙，形成新旧间的形体反差和质感互涵[ ]。其二是保持城市界面的连续，沿中山西路新建一座月湖博览馆，其轮廓平直，与"屠氏别业"边墙依然为平、仄关系，但将之大部遮蔽，只在西侧的大门廊前，设置了可望到边墙影像的"过白"景框；墙面大部为清水混凝土效果，只在下方做出局部的清水砖墙面层，与"屠氏别业"边墙的肌理和质感相呼应[ ]。

第三是解决复建和少量新建建筑的空间适应性问题。为了让复建后的街区建筑在重现风貌的同时，尽可能适应现代城市生活，方案采用"旧瓶新胆"的方式，即在外观复原的同时，内部插入类似性原则的现代空间元素，梁柱、墙体和门窗均采用钢木构件搭接和组装，室内环境控制可基本达到设计规范要求[ ]。新插建的建筑则主要体现类似性原则，在此基础上进行有节制的创新设计。

总之，宁波月湖西区北片的这个案例规模虽小，却对思考既往和当下全国的旧城改造具有普遍意义，关联着城乡改造、城市（镇）化和保护与更新关系处理路径和背景，在理论和实践两个层面均具探索的典型性，并直接涉及了对现代性之于本土现代化的认知和反思，以及建筑学的专业作为。

结语：

本文讨论的焦点可以归结为：旧城改造的本质，是城市文明转型中物质和文化品质的提升，需要有历史身份底蕴的支撑，而所谓"保护"，并非是一味地抱残守缺，从广义的城乡建设领域看，其实就是对现代性激进改造方式的抵抗、反思和修正。因此，在经济和文化全球化的当下，城市历史空间的演进，有必要坚持批判的历史主义和地域主义立场，即对保护、传承、转化和创新及其相互关系，给予更清晰的概念界定、理性思考和价值判断，探索更可行的存续策略和再生模式，从激进现代性的大拆大建途径，转向反思现代性的可持续更新轨道。

本文为国家自然科学基金资助项目（51178312）相关研究报告，主要观点和案例曾在2013年12月8日"首届国际建筑师论坛（宁波）——建筑与新型城镇化"演讲中论及。

（作者：常青，同济大学建筑与城市规划学院教授）

□ 图 6-1 P51
□ 图 6-2 P51

□ 图 7-1 P51
□ 图 7-2 P51
□ 图 7-3 P51

□ 图 8-1 P52
□ 图 8-2 P52
□ 图 8-3 P52

□ 图 9 P52

注释

[1] （美）刘易斯·芒福德. 城市文化. 宋峻岭、李翔宁、周鸣浩译. 郑时龄校. 北京：中国建筑工业出版社，2009：367，445-446.

[2] （意）塔夫里（Manfredo Tafuri，1935-1994）. 建筑学的理论和历史（第一章）. 郑时龄译. 北京：中国建筑工业出版社，1991：41-43.

[3] 常青. 旧改中的上海建筑及其都市历史语境 [J]，建筑学报，2009，10：23-28.

[4] Paul Spencer Byard. The Architecture of Additions. W. W. Norton & Company. 1998.

[5] 吴良镛. 北京旧城居住区的整治途径——城市细胞的有机更新与“新四合院”的探索 [J]. 建筑学报. 1989，07.

[6] 常青. 历史环境的再生之道. 北京：中国建筑工业出版社，2009：133-151，157-169.

[7] 常青. 建筑遗产的生存策略. 上海：同济大学出版社，2003：55-75。

[8] 该专项保护规划由上海同济城市规划设计研究院完成，已在网络上公示。

图片来源

图1：《建国以来的北京城市建设》第26页，北京建设史编辑委员会编，1986。

图2：摄影集 peking 第8页，山本赞七郎，1906。

图3：王朝网络网站。

图4：北新椒街抢救性修复工程完成后。张嗣烨摄。

图5-1：同济大学建筑设计研究院设计文本，常青研究室。

图5-2：同图5-1。

图6-1：同图5-1。

图6-2：同图5-1。

图7-1：同图5-1。

图7-2：同图5-1。

图7-3：同图5-1。

图8-1：同图5-1。

图8-2：同图5-1。

图8-3：同图5-1。

图9：同图5-1。

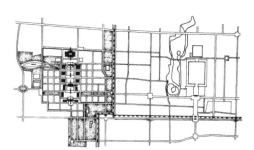

1　"梁陈方案"示意图：反映国家行政中心区以绿化带与老北京西城墙相隔离，
　　规模与皇城相近，形成新旧并置的二元城市结构
2　清末北京崇文门景观：城墙内的衰落的农耕风土聚落
3　从西三环东望故宫和东三环：当代新旧城市轮廓
4　台州海门老街
5-1　月湖西区 2009 年航拍图
5-2　月湖西区 2011 年航拍图

6-1

6-2

7-1

7-2

7-3

6-1 北广场方案一 外广场 –"屠氏别业"与城市对话
6-2 北广场方案二 内广场 – 临街界面连续
7-1 方案 1 "屠氏别业"前广场由东西望
7-2 方案 1 "屠氏别业"场景设置
7-3 方案 1 "屠氏别业"前广场由西东望

8-1

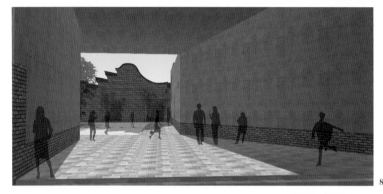

8-2

8-3

9

8-1　方案 2　月湖博览馆北侧透视
8-2　方案 2　月湖博览馆北侧门洞 "过白"
8-3　方案 2　月湖博览馆内庭院
9　"旧瓶新胆" 模式示意

摘要：本文在简要回顾并反思我国城市形态学、城市规划和城市设计发展状况的基础上，提出物质空间形态设计作为城市设计核心内容的观点。作者从知识关联和互动机制两个方面初步讨论了城市形态学在城市设计中的地位和作用，并展望了两者在新型城镇化背景下的发展前景。

关键词：城市形态学、城市设计、形态分析、形态设计、互动性

Abstract: This paper examines the process and statement of Chinese urban morphology, urban planning and urban design. Based on this, the author proposes the viewpoint that physical formal design is the key content of urban design at the core, and discusses the position and meaning of urban morphology in urban design from respects of knowledge presupposition and integrative mechanism. The paper prospects for the development of urban morphology and urban design in the era of Chinese urbanization at last.

Key words: Urban Morphology, Urban Design, Morphological Analysis, Formal Design, Interactivity

城市形态学在城市设计中的地位与作用

韩冬青

The Meaning of Urban Morphology in the Urban Design

Han Dongqing

一、背景评析

19世纪初期，地理、人文和建筑学者开始引入生物和医学领域的"形态"概念，将城市作为有机体，分析其发展的机制。1928年，美国人文地理学家 J.B.Leighly 第一次正式使用"城市形态学"（Urban Morphology），这可以被认为是城市形态学作为一种显在的学术领域的标志。此后80年，城市形态学蓬勃发展，影响波及全球。英国 Conzen 学派、意大利 Muratori-Caniggia 学派、法国 Versailles 学派构成了该领域的三个重要学派。就城镇景观物质对象的本体逻辑而言，城镇平面分析和建筑类型分析构成了城市形态学本体研究的两个基本源流。另一种解读方向则直指形态文本背后的社会、经济和文化意识。形态描述与成因剖析一直都是两条彼此交织的线索。形态学的发展和渗透对于西方国家在现代城市规划、历史城市保护、城市设计和建筑学等领域都产生了重要影响。加拿大地理学家 J.Gilliland 和 P.Gauthier（2006）以"内部—外部"和"认知—规范"这两个彼此交叉的维度来概述城市形态学领域的研究格局。内部视角（Intemalist Approach）的研究认为形态是相对独立的系统；外部视角（Externalist Approach）的研究则认为形态只是各种外部因素的被动产物。基于认知目标（Cognitive）的研究致力于提供形态的解释框架，以达到对城市形态的系统理解；而基于干预目标（Normative）的研究则试图为未来的形态演化提供原则和方法。这个分类架构同时也形象地表现了城市形态学领域四个象限之间既交叉又隔阂的纠结状态[□]。1996年国际城市形态论坛（ISUF）的成立在某种意义上来说正是为了实现城市形态学研究的交流与整合。

□ 图1 P55

城市形态学在20世纪60年代传入中国，20世纪80年代后日渐活跃并逐渐在地理学和城市规划等领域产生积极成果。然而，城市形态学理论层面的研究基本集中于宏观尺度的经济地理和人文地理领域，其与实践层面的城市规划缺少充分的互动。20世纪90年代后开始在全国趋于全面覆盖的控制性详细规划普遍缺少形态维度的意识，这与规划从业人员普遍缺乏系统的城市形态学知识的状况是密切相关的。"格网＋色块＋指标"式的控规在编制期间就鲜有对未来建成环境的形态质量的必要预期。城市设计作为控规编制中的必要章节几乎沦为一种程序后置且内容空洞的八股文章。那么，城市设计的学理及其作用究竟该如何认识呢？我国目前的城市设计

实践更多地表现为下列几种类型：第一，针对城市重要地段（或复杂地段、环境敏感地段），作为控规的后续补充和调适。这一类型的城市设计主要服务于规划管理的需要，以期达到对相应地段未来物质空间环境的基本把握。这种城市设计的成果如若对控规形成修正意见，将可能遭遇法定程序的障碍。第二，城市设计作为地段开发项目的前期研究环节，并通常伴随着项目的业态策划。该类型的实质是对控规落地的一种形体空间与功能业态的试做，以期服务于开发机构的决策，并有可能作为与规划管理展开博弈的基础。更为令人尴尬的状况是，许多所谓的城市设计成果只是一本本旨在取悦

1 城市形态学研究的四个维度

于决策者视觉欢愉的形体拼贴图册。如此状况与"城市设计贯穿城市规划全过程"的初衷相距甚远。在城市物质空间的微观层面，尽管环境融合的观念已经成为建筑设计领域的普遍原则和共识，受限于视野、知识和方法的局限，建筑师对建筑的城市属性的认识依然局限于十分狭窄的形式视角，因而难以驾驭其设计对象所处的整体环境状态。我们或许可以苛刻地认为，城市规划实践中的重"量"（Index）轻"形"（Form）与建筑设计实践中的有"形"（Shape）无"态"（Frame）客观地提供了反思我国当代城市物质空间秩序缺失的某种学理线索。

二、形态设计是城市设计的核心

18世纪前城市建设中的视觉美学理念曾被现代城市规划所抛弃。面向工业时代的现代城市规划日趋明显的政策和土地功能导向很大程度上丧失了对城市形体空间的关注，使之与建筑设计的实践产生明显的裂痕。出于对这种状况的修正，20世纪60年代现代意义上的城市设计更多地着眼于城市空间形体环境的美学诉求。将城市设计理解为对城市有限整体的形体空间塑造，这种概念的影响一直延绵至今。其观念实质是将城市设计看作是对规划的美学修补，其实践方法总体上是对传统建筑学方法的尺度延伸。城市设计实践中的唯美主义逐渐遭到来自社会、人文、经济领域等学者的批判。与此同时，城市历史资源的保护、后工业社会城市内生动力的变化及其复杂性、资源和环境意识的觉醒等因素共同促进了对城市空间发展转型的观念和策略探寻。基于历史地段保护与利用的"结构—类型"策略、基于土地集约化利用的"紧凑城市"、基于生态学原理的"设计结合自然"、城市基础设施主导的"TOD模型"等等新主张无不突破传统的形体空间概念而跃升到对城市的结构关联的追问。在当代，尽管不同国家和地区的城市设计有其自身的不同背景和诉求，作为总体的趋势，城市设计正在超越对形式美学的单一追求，转而探寻城市环境中的物质空间元素因各种特定的复杂关系而形成的丰富的结构性关联，从而使城市成为低消耗前提下机体健康，促进个体间相互包容，鼓励人们多种活动交织的活力集聚场所。公正、效率和愉悦构成了当代城市设计的基本评价标准。

与城乡建设的尺度相对应，我们可以以"区域—城镇—区段—街区（组团）—建筑"大致建立起宏观至微观环境的层次梯级（Hierarchy）。在宏观区域规划的尺度

上，其核心目标是进行与广袤的自然条件和区域经济网络相对应的城镇分布战略判断，作为实体的城镇在此表现为点与线的关联，经济地理学是支撑这种判断的知识主体。在微观环境的尺度上，以空间形体和建构知识为核心的建筑学开始占据主体地位。而在这两极之间，城市规划必须将城市的经济和功能发展目标转化为土地利用的计划，城镇实体的面状特征开始展现出来，并进而在城镇内外显示出具有多种尺度差异的区块和廊道特征。可以说，正是在这个层级中，城市物质空间构型的重要性开始明确地显现。基于资源约束与功能诉求的各种量化指标并不能自动地转化为适宜的物质空间的"型"与"形"。由此，量（Index）与形（Form）的互动和关联判断就成为城市规划实践中的一项关键技术，而这正是所谓城市设计贯穿城市规划全过程的必要所在。在这个意义上，城市设计与其说是城市规划的延伸或补充，不如说是城市规划技术支撑体系中的必要构成。众所周知，城市设计包容或裹挟了庞杂的知识体系。在其直接相关的领域至少涉及土地利用、地产开发、交通规划、市政规划、环境物理、生态、景观、建筑等知识，在其外围还涉及社会、经济、历史、人文、法规、管理等等。这些知识都毫无例外地对应了相关的学科和专业，但这些专业自身却不是城市设计。城市设计也不是这些专业的简单相加或糅合，更不是其衰减版本。城市设计的核心知识应由其自身的责任所决定。就其直接的操作对象而言，城市设计以整合城市物质空间各元素之间的关联结构为核心目标，并由此延伸到对要素的类型特征的把握。从实践角度看，城市设计必然是要做设计的，这种设计的专业技能最直接地表现于在城市不同尺度上驾驭构型的能力。无论知识的外延多么丰富且复杂，一切都要转换为对物质空间"型"的设计。这种"型"的设计与传统建筑学意义上的"形"的设计既有联系，但又有本质的差异，是对物质空间要素彼此之间结构秩序的设计，是对可以预期的未来建成环境所处的内在态势的把握。设计的梯级尺度和物化深度一旦进入微观且具体的空间场所的建构，就显然已踏入微观建筑学的门槛，城市设计在此将退化为一种意识和外围作业。在狭义上厘清城市设计与相关专业的界定有利于对其核心知识和能力的判断。

如果我们认同城市是有机体的概念，那么"形态"就成为表述城市物质空间要素间的关联逻辑、量与形的关联逻辑、内在规则与外在现象的关联逻辑的最恰当不过的概念。与城市设计目标相对应的构型能力也就是形态设计的能力。

三、形态理解是形态设计的知识前提

尽管城市设计涉及众多的学科专业知识，而关于物质空间环境的形态理解和形态设计始终是其专业自律的内核，这是由其自身的基本目标所决定的。城市设计是一个由无形的目标理念转化为有形的控制和引导体系的过程。其实践总是从既有形态的描述开始，经由分析理解而明确背景、问题和目标，进而达到新的形态系统的设计和构造。认识是创造的前提。在建筑学的专业核心构造中，对实体与空间的认知是建筑设计的前提。与此相比拟，在城市设计的专业核心构造中，形态设计必然以形态理解为前提，而形态理解的内容与方法也必然与设计的问题目标相联系。形态理解经由分析操作而达成。城市设计的实践演进已涉及大量的形态本体分析"菜单"，如基于自然地理的地形与地貌，基于生态架构的基底、斑块和廊道，基于区域架构的土地资源与发展动力联合作用下的城市边缘与领域，城市内部的次级边缘及其划分出的城市次级领域和区段，城市基础设施体系（Infrastructure）的分布，城市

内部和内外之间由孔洞、廊道或面域构成的绿色开放空间，由街道、广场、公园等构成的城市公共活动空间体系，城市内部的人工斑块类型（Plan units or Blocks），与土地开发强度相联系的城市厚度特征（Thickness）和竖向尺度分布，与视觉认知相联系的景观结构，形态的历史变迁，形态结构所可能导致的风貌、场所感、肌理、界面、天际线等外显特征。

上述菜单自身及彼此之间又构成多元且复杂的结构关联。这些结构关联通常表现为梯级、分区、联结、分割、复合等具体的构造类型。"梯级"反映了城市从宏观领域到微观领域从上至下的约束传递和由下至上的构造关系；"分区"是指同一梯级中不同规划单元在性质和量化上的差异呈现；"联结"和"分割"呈现某种形态在同一梯级要素或不同梯级要素之间所产生的连缀或割裂状态（如基础设施廊道在纵向的联结效应和横向的隔离效应）；"复合"展现的是不同形态要素对土地的共同占有状态，或同一种要素所具备的不同的形态意义。在这些形态本体的背后存在着复杂的影响因素。例如，城市边缘不仅受限于地理要素的约束，而且也产生于外部干预与内部动力的博弈之间。居住区的肌理不仅反映了空间需求与土地供给的关系、地域气候的适应性，还与人文习俗和生活趣味等因素相呼应。形态成因的研究正是为了揭示其背后的缘由和动因。城市演进的历程证明了城市的结构比起具体的微观元素具有更为恒久的存在力量，这也说明了形态理解和形态设计的意义和重要性。

形态理解是形态设计的前提。这种理解的内涵包括以下三方面：其一，对城市形态梯级构造的判断力，它对应了不同尺度的设计项目所必须选择的恰当的空间关联域。其二，对不同类别形态的结构本质（区别于具体的图形）及其内在动因的把握能力。其三，对不同类别形态之间相互作用的系统理解。形态设计是基于形态理解之上的甄别、选择、综合和转化，继而在具体的背景和条件下展开适宜的构型。值得一提的是，由于城市设计中的形态设计必须经由未来建设项目的物化，才能转化为现实的物质空间环境，设计者必须对其控制和引导下的未来建成环境的实现过程及其结果有所预期，因此必须具备基本的建筑学知识和相关工程知识，才能实现城市设计"有效限定"与"松弛限定"的目标。在通常状况下，这种构型一方面基于设计者对形态结构的诠释（Interpretation of Formal Structure），另一方面又常常表现为对历史积淀的结构类型的各种变形（Structural or Typical Transformation）。在历史地段的规划设计中，对既有形态结构的识别和传承显然具有重要价值，因而日益成为学界的共识。而在城市新区的规划设计中，与旧城区的结构关联和适应新的目标需求的形态转化则需同时并举，相得益彰。在城市演进的时代长河中，每当面临重大的历史转型，又总是会产生面向未来的各种形态展望、设想和实验。

四、城市形态学与城市设计的互动机制

城市形态学以形态及其动因的关联分析为主体内容。而作为城市设计的核心工作，则必须做出面向未来的形态设计。而两者不同的工作方向都必须置于对城市形态（Urban Form）的理性呈现和认知之上，这种形态呈现通常表现为一系列展现结构和类型特征的图谱（Mapping，Graph，Diagram）。结构与类型不仅是识别和呈现形态构型的两个基本维度，也提供了形态设计的基本思维架构。形态认知从形态描述出发回溯其背后的动因；形态设计从对动因和条件的理解中探寻形态的出路，形态图谱（Formal Atlas）则在两者之间架设起互通的桥梁，这正是城市形态学与城市设计展开学

科交叉和互动的基石。形态学与城市设计的互动性还表现在以下方面：其一，城市形态在尺度上的差异和构型上的极大丰富性使其图谱的建立需要两个学科的彼此合作。地理形态学领域的学者往往擅长宏观的二维平面，城市设计领域的学者更擅长微观的三维空间。从形态成因的剖析看，经济地理和人文地理学者对社会、经济和人文维度的思考更具敏感性，城市设计学者对行为需求、物质建构、环境物理等因素更为驾轻就熟。其二，城市形态学理论和方法可以为城市设计实践提供批评，提供设计所需的结构和类型范式；反之，城市设计则为城市形态学提供社会实践中的问题和素材。

城市形态学与城市设计犹如两面彼此交叉的镜子，既展现自身又映射对方。借此正可以展望彼此未来的发展潜力和方向。笔者粗陋地提出以下思考：第一，形态分析是构型（Formal Structure）与动因（Function and Agent）的统一。对既有形态的解释应与城市的进程相关联。形态的动因分析并不能取代对形态本体的分析，仅仅聚焦于动因而不能在时空进程中揭示其在形态本体上的作用结果，就会导致背离形态学目标的危险。反之，形态设计如若不能与其内在动因相关联，便将成为徒有其貌的泡影。这一点已经在现实中不断地被证明。第二，形态理解是分解与整合的统一。分解是形态分析中的一种过程策略，其目的是厘清形态的梯级构造和同一梯级中并行的各分项系统的状态。但分解不是形态认知的终极，更为重要的是要揭示各分解项彼此之间的联系与作用。在现有形态学研究成果中，相对丰富的是那些易于切分的对象。而对那些具有聚合作用或复合特征的对象研究则相对缺乏。形态学者往往各有专攻，但对局部与局部，局部与整体之间的联系缺乏整体的关照，这似乎是城市形态学领域的普遍现象。从另一方面看，形态分析服务于形态设计，而形态设计最重要的特征就在于联系和整合，整合也正是城市设计的难点所在。第三，形态是量与形的统一。城市形态是资源—约束—动力相互作用的结果。所有的形态图式都含有量的特征和量的约束；反之，量的研究如果无法与相应的形（型）相联系，也必将无果而终。小尺度的形态类型未必适合大尺度的构型，反之亦然。城市的斑块肌理展现出某种特定的图形特征，但肌理恰恰是密度、高度、强度、尺度与几何方向性联合作用的结果。再如，同样格网构型下的街区中，不同的地块划分尺度必将导致不同的街区形态。许多城市控规细则编制中普遍缺失"量—形"逻辑的把握，从反面证实了"量—形"关联研究的必要性。

五、结语

城市形态学和城市设计都是在城镇化的发展进程中产生和演进。不同国家和地区的城镇化有其自身的发展轨迹和特征，但从物质空间形态的建构角度看，城镇化总是不仅表现为物理尺度在水平和垂直方向的延伸和扩大，同时更是意味着内外之间和内部各元素之间的重新构造和再开发实践。中国未来新型城镇化为城市设计理论的完善和实践策略的优化提供了难得的机遇，但这也无疑是一种严峻的挑战。城市设计必须突破纯粹的城市美化甚至作秀的窠臼，而将重点转向对城市物质空间要素的结构关联与整合。城市设计实践迫切需要理性的知识建构。城市形态学不仅可能成为城市设计核心知识架构的有机组成部分，也将在这一进程中获得巨大的发展空间。

（作者：韩冬青，东南大学建筑学院教授，东南大学建筑设计研究院有限公司总建筑师，城市建筑工作室设计主持）

参考文献

[1] 段进，邱国朝. 南京：国外城市形态学概论. 东南大学出版社，2009.

[2] 韩冬青. 设计城市——从形态理解到形态设计. 建筑师，2013，8：60-65.

[3] M. R. G. CONZEN, M.A., ALNWICK. Northumberland A study in Town-plan Analysis. GEORGE PHILIP & SON, LTD., LONDON：1960.

[4] Jason Gilliland and Pierre Gauthier. The Study of Urban Form in Canada, http://www.urbanform.org/about.html

图片来源

图 1：根据 J Gilliland, P.Gauthier "Mapping contributions to the study of urban form in Canada" 重新绘制。

摘要：新型城镇化不是全新的转变。作为国家政策的"新型城镇化"是对盘根错节、错综复杂和层出不穷的各种新、旧问题和潜在危机的必然和一揽子的回应。新型城镇化必须通过包括对"国际—国内"、"中央—地方"、"城市—乡村""公—私"等空间间性的调整，通过对个人实践的控制回应资本积累的危机及其带来的公平、正义、环境困境、日常生活状态等一系列问题。在新型城镇化的过程中，包括城乡规划与建筑设计在内的物质空间实践将生存在推进社会极化与抵抗社会极化共同构成的尖锐矛盾之中，是各种矛盾冲突及其应对的结果。

关键词：新型城镇化、空间生产、空间间性、资本积累

Abstract: New Urbanization is not complete new transition. As the promoting national policy, it is a necessary and complex respond to the emerging tough problems which all of them are highly related to the legality of power. New Urbanization will reshape the inter-spatiality of international vs. national, center government vs. local government, the urban vs. the rural and public vs. private, and direct the individual practices to deal with the crisis of capital accumulation, and the bunch of problems to social justice, equity, environment and everyday life it caused. In the process of the new urbanization, the physical spatial practice including urban and rural planning, architectural design will exist within the sharp conflicts between promoting vs. resisting social polarization, which is a spatial outcome of the conflicts and responds.

Key words: New Urbanization, Production of Space, Inter-spatiality, Accumulation of Capital

新型城镇化中的空间生产：
空间间性、个体实践与资本积累

杨宇振

Production of Space in the Process of New Urbanization:
Inter-spatiality, Individual Practice and Capital Accumulation

Yang Yuzhen

　　城镇化是社会总体中内部的变化状态，也日趋成为社会变化的主要状态。更确切的表达，是总体中内部以"城市"为中心的各元素（个人，家庭、机构、地方等）、部门间（农业、工业、服务业、金融业等）相互关系变化的一种状态。这种变化状态的开始，在于城市作为一种新型的生产力和生产关系的空间载体，从原有封建时期（西欧社会中土地贵族和宗教贵族主导的社会状况）和小农社会中浮现出来。如何"浮现"有不同的过程，也有很多不同和多样的解释。我倾向于把现代城市的兴起与资本主义发展关联起来的观点。比如，马克思在《德意志意识形态》一文中，把城市作为资本主义生产力和生产关系作用的结果。马克思、恩格斯指出，大工业的发展"创造了交通工具和现代的世界市场，控制了商业，把所有的资本都变为工业资本，从而使得流通加速（货币制度得到发展）、资本集中。大工业通过普遍的竞争迫使所有个人的全部经历处于高度紧张状态。它尽可能消灭意识形态、宗教、道德等等，而在它无法做到这一点的地方，它就把它们变成赤裸裸的谎言。它首次开创了世界历史，因为它使每个文明国家以及这些国家中的每一个人的需要满足都依赖于整个世界，因为它消灭了各国以往自然形成的闭关自守的状态。它使自然科学从属于资本，并使分工丧失自己自然形成的性质的最后一点假象。它把自然形成的自然性质一概消灭掉，只要在劳动范围内有可能做到这一点，它并且把所有自然形成的关系变成货币关系。它建立了现代的大工业城市来替代自然形成的城市。凡是它渗入的地方，它就破坏手工业和工业的一切旧阶段。它使城市最终战胜了乡村"。（马恩选集 1，114-115）

　　对于第一次世界大战、第二次世界大战后从殖民和半殖民状态中解脱出来后建立的民族国家，往往处在一个以西方发达资本主义国家为目标的现代化焦虑和再建身份认同的矛盾之中。中国也不例外。这种尖锐的二元矛盾弥漫在国家的空间治理中，在城乡关系中，尤其体现在城市内部空间的生产中。这一矛盾内化了高度的竞争压力和维持社会秩序的压力，进而左右着城镇化的路径与形态。城镇化首先是社会发展的一种状态，这一状态是国内、外各种力量和压力下的社会运动趋势和形态；

它涉及城乡之间的关系变化，也涉及城镇本体的变化；它具有物质空间形态的表征，但这一表征是结果而不是内因。物化的空间形态内化了利益阶层为主的各类不同社会人群的观念和意图，成为空间感知的本底。

城镇化的趋势与状态必须基于一定的空间范畴讨论，空间之间的关系（空间间性）在日趋全球互联的世界中，往往成为一种强制的外部性，是引发空间内部变化的主要因素。进一步的讨论，则是空间内部的运动机制。其最基本的讨论，是作为社会的个体人如何与外在世界发生关系，其过程与受支配的因素与逻辑。在所有的支配性关系中，资本积累的危机及其应对是理解问题的关键所在。进而，在前面三重关系的交织中讨论作为国家政策的"新型城镇化"面临的问题与困境，并进而探讨物质空间生产与实践的运动趋势与策略。

一、空间间性（Inter-spatiality）

□ 图1 P71

从个体人到全球之间存在着无数的空间等级。在这一部分里，我把空间高度简化为四重关系，也是四种不同的属性[1]，即"国际－国内"、"中央－地方"、"城市－乡村"以及"公－私"。

"国际－国内"是第一重关系，是民族国家与外部世界之间的关系。推到极端的讨论，只存在两种关系，即封闭和开放——尽管必须说，不存在完全的封闭和开放。封闭是一种历史过程的路径依赖，伴随着与外部世界竞争带来的焦虑（这也就意味着它不可能完全的封闭）。它必须通过动员自身空间内部的个体劳动力（从观念到实践），调动和整合自身空间内部的有限资源（从自然资源、各种生产资料到技术资源）以及有限的资本，来强力推进现代化。开放即是关联的建立，建立与异质（先进或落后）国家和地区的生产力、生产关系与价值观念等的关联，也意味着自身内在结构必然的改变。关联落后地区成为全球资本主义经济危机的一种空间疗法——由此也意味着落后地区也必将应对这一危机。

在"国际—国内"第一重关系的限定下，存在着不同的动员内部资源的组织架构。"中央－地方"是各种组织架构中最重要一种。两者间的强弱关系变化贯穿在中国的历史进程中。一个基本的趋势是，中央日趋强大，而地方日趋屡弱。从清末到民国初年广泛讨论和实践的"地方自治"，是在残酷现实的状况下，广为接受的"救国"路径。由于信息的不对称，以及空间距离带来的交易成本等，中央无法高效应对和及时处理地方性事务，它必须赋予地方一定的权力处理在地事务，特别在高度经济竞争的"时空压缩"时代中。然而，在相对封闭时期，也曾经采取过另外的方式，把一般性的地方社会事务归由地方政府处理，而把生产带来的一揽子事务交给企业（"单位"）来处理。进而形成了"中央－大型国有企业－地方"的架构，以及特殊时期的城镇化形态（比较典型的如一些"三线"建设时期的城市，如攀枝花等。这一种特殊历史时期的架构一直影响至今）。在市场经济环境下，企业盈利的秘密在经济竞争中其技术创新与劳动分工深度与效率；因此必须剥离冗员与福利等，交由地方社会来处理（20世纪80～90年代政企分离、国有企业改革等）。地方政府事权、财权的增加意味着中央与地方关系的新变化和新的城镇化形态。在这里无法详细讨论这一历史过程。但1994启动的一揽子改革，特别是中央与地方财税制度改革出人意料地推进了城镇化的进程（就如家庭联产承包制一样，其带来的结果非制度设计的结果）。改革过程中地方政府具有一定的"财政自治"空间，成为推进地方的土地和房产商品化重要的推手。

城镇化是劳动力、土地、资本、技术和管理等在特定空间中综合作用的结果。它不只是农村人口向城镇地区迁移的过程（一种可见的过程，也是通常的理解），它至少涉及两个重要的过程：第一，首先是城镇本身的变化（生产力、生产关系、生产资料的变化，市民生活方式的变化，环境的变化等——增量成为存量、存量优化的过程）；第二，作为经济增长机器的城镇向更大范围的扩张（增量的过程）。在第一过程中，资本密集型和技术密集型的产业不需要太多的一般劳动力，需要的是城市内部或者来自其他更高等级城市的高端和精英劳动力。从这一点上看，它和农村基本无涉。劳动密集型的产业则需要大量的廉价劳动力。20世纪80年代，家庭联产承包制改变农村生产力与生产资料关系后释放出来的剩余劳动力启发了乡镇企业高速发展，是城镇化的一种特殊时期的形态。从新中国成立后到1978年间，城乡关系有一定波动，但如前所述，在相对封闭的空间中，必须通过生产不均衡来促发现代化过程，由此产生城乡二元的壁垒，通过工农产品剪刀差汲取农业剩余，通过户口制度和单位制调节和控制生产和生活资料的供给。改革开放以后，尤其是1990年代中期一揽子改革以后，承接发达地区劳动密集型产业为主的空间转移等是持续的城镇化形态。产业的空间转移（所谓的"腾笼换鸟"）既在地文大区内部发生（2008年以前较为典型），也在地文大区间发生（2008年后，许多劳动密集型产业向中西部地区转移），改变着城镇化的路径与形态。在计划经济时期，农村为城市贡献了劳动剩余（通过一组城乡关系的制度设计），个体劳动力被固定在作为使用价值的农、林业的土地上。市场经济时期，城市的劳动密集型产业吸纳了广大农村劳动力，造成了上亿落后地区农业青壮年的跨地区来回迁移，是中国城镇化的又一独特形态。

农村劳动力往城市流动的一个基本和理性的假设是在城市的经济收益大于在农村的经济收益。当城市的生活成本（如租房和住房的价格上涨、通勤时间加长、竞争日趋激烈等）随着城镇化的过程快速增长时，必然将增加劳动力迁移的阻力。迁移者必须在高生活成本、较好的公共服务与相对低的生活成本、较差的公共服务之间进行选择。"新型城镇化"的明确目标之一，是优化大城市的存量，扩大中小城市和城镇的增量以及提高它们的公共服务水平；更加明确城乡分工、地区分工、大城市地区（Metropolitan Areas）与中小城市、城镇的分工，提高总体的经济与社会效率[1]。但无论是哪一种调整，在高度竞争的世界中，都必须持续推进城镇化的质量。"城镇化质量"是一个笼统的词语，不同发展阶段、不同的地区将涉及不同的内容。一种更本质的表述是，城镇必须在日趋增加的密度（人口密度、空间密度、流动密度等）过程中尽可能提高各种事物间的关联性，降低交易成本与提高交易效率□。特别对于发达地区的大城市，要尽可能通过城市存量中各种要素、资源、制度的优化配置，将a-a'向A-A'转变。

□ 图2 P71

最后一重是"公与私"之间的关系。城镇化过程不仅改变城与乡的物质空间形态，也改变城乡社会，改变城乡社会中的公私关系和阶层构成的状况。同"国际－国内"、"中央－地方"、"城市－乡村"一样，"公与私"之间存在着博弈关系。1992年以后改革推进了私有化的进程，结构性地改变了原有的公私关系。各种形式、不同范畴的私有化，包括住房、医疗、教育以及公共空间等的私有化改变着城镇化的形态。或者，更准确地说，公与私的关系，特别对于公共物品的市场的合作与竞争（如BOT、PPP模式等）改变着城镇化的形态[2]。

在一个全球日趋互联的快速发展和变化状况中，地方（从国家到地区）的城镇化发展难以找到一种静态的、规律性的发展路径。主导者提出的发展策略和政策往往是在特定时期，在以上提到的"国际－国内"、"中央－地方"、"城市－乡村"和"公与私"交织和限定的基本框架中，应对应时具体问题的结果。在这种状况下，城镇化的发展质疑长期公共政策的有效性、城乡规划的有效性。或者说，有效的公共政策的制定和执行将追随应时问题的处理。

和下文讨论的以空间尺度和空间等级划分的机构间关系不同，"国际－国内"、"中央－地方"、"城市－乡村"、"公与私"是不同的空间属性，是空间边界划分、内部架构组织、生产力与生产关系构成以及生产资料所有关系。每一种关系都有其空间领域与边界，对城乡规划与建筑设计的空间划分与生产，有深刻影响。

二、个体城镇化实践及其支配要素

城镇化作为一种社会变化状态，是无数微观个体对于外界感知、认知和实践的结果。讨论城镇化的另一个视角，是从微观个体的实践角度出发。然而个体实践不是完全自由的选择和践行，是在特定社会脉络中，在各种宏观、中观和微观限制中尽可能优化和配置个体资源⊡。

□ 图 3 P71

对外界的感知（Perceive）是个体理解世界的开始。"感知"是在限定空间中对于物质、社会和观念空间的总体感知（如前所述，烙印有不同利益群体意图的物质空间成为感知的本底，同时也意味着感知的地方性及其有限性和竞争的有限性）。感知经由思考成为认知（Conceive）。认知是个体对于外部世界的能动性反应，意味着个体超越简单的感知，开始具有主体意识，进而控制和支配实践（Practice）。实践通过表达（Express，以语言为主导）与表现（Represent，通过非语言媒介为主）的方式呈现，并改变外界，成为下一时空感知的本底。感知、认知和实践是个体经由外界内化为本体，进而在时空过程中理解与改变外界的过程和路径，三者间有区别而无截然的边界。

由感知、认知和实践构成的个体空间在一定的空间范围中进行。个体空间受到社会空间的强支配。这里指的社会空间涵盖的范围很广，包括机构（如单位、公司、学校等）、城市、地区和国家。"互联"与"竞争"是当下各种层级空间之间的根本关系，推动空间实践的基本机制。包括个体与个体之间的竞争、企业与企业间的竞争、城市与城市的竞争、国家与国家之间的竞争等。在互联与竞争的背后，是围绕着马克思指出的"资本积累"、"阶级斗争"为核心，由此引发人类整体的"生存环境"和微观个体的"日常生活"状态间的矛盾冲突（图 3）。

在整个实践过程中，"认知"是关键部分。它的关键在于其处在内和外之间。它通过对外部的感知与思考，转化为观念指导实践。认知必须基于建立认识外部世界的秩序，通过秩序获得认知图景和面貌，其中包括物的秩序、社会秩序和自然秩序（Oder of Things, Society and Nature）。秩序不是现实之物，而是一种表征（Representation of Being），是对于现实的镜像。进而，秩序必须通过媒介表达出来以及被感知和认知。于是，词的秩序成为物、社会和自然秩序的表征，作为表征的表征（Representation of the Representation），一种二次镜像。

词与物间关系必须要有最基本的一层"互表"关系。然而词的秩序却不必然与物、社会、自然的秩序之间有真实关联。它将根据需要挪用词语最开始的镜像、最开始的"互表"关系。认知必须在长时段社会建构的"物的秩序、社会的秩序、自然的秩序"与短时段同样是社会建构的"词的秩序"间进行判断和辨知。一个基本的趋势是，由利益主导者通过掌控媒体操弄的"词的秩序"，成为左右"认知"的基本力量，进而控制个体的实践。[3] 对于个体而言，尽管置身于各种社会空间的高强度竞争中，生存在资本积累、阶级斗争、生存环境与日常生活构成的矛盾冲突中，其实践的伊始，却在于辨析现实、物、社会、自然秩序以及词的秩序间的关系。无数微观个体的认知与实践，构成了城镇化的运动状态。

三、资本积累与地方生产

在包括《资本空间化过程中的城市设计：一个分析性的框架》、《空间疗法：经济危机的空间转移、扩散与新型城镇化》、《权力、资本与形象：全球化格局中的中国城市美化运动》等文中，我讨论过资本积累与地方生产之间的关系[ ]。在此不赘述。

□ 图 4 P71

这里想强调的是"互联"与"竞争"。图 4 表述的是在一定的空间单元与边界内的资本积累与地方社会生产之间的关系。这是个一般性的表述，不同的地区和社会在不同的过程中将有不同状况（比如，政府与企业支配市场状况的差异导致的地方社会差异）。然而这张图的价值在于它不是讨论"国际—国内"、"中央—地方"、"城市—乡村"、"公—私"的切面关系，也不是讨论个体（包括机构）所处的各种复杂关系中的实践逻辑，而是地方社会生产与再生产和资本积累的关系。在新自由主义泛滥的世界中，资本积累的任何变化（无论是生产资料、生产工具、组织管理还是市场选择等）都将引起地方生产的变化。这是资本的流动性与地方固定性之间的矛盾。资本必须从地方中获取剩余价值——然而这是一个在高度互联与竞争的世界中，变化的过程。资本追随高交易效率、高利润率的地点；而不同来源、不同类型的资本对于交易方式和利润生产方式有着不同的要求，因此对于地方也有着不同的选择，而地方对于资本的流动有着不同的反应和作用力，进而构成一幅多样画面。

城镇化有许多解释。如前所述，我认为城镇化是密度与交易效率之间关系的结果。而促进交易效率，获得生产利润，是资本积累的原始动力。但效率和利润是相对性词语，是一个企业与另一企业、一种部门与另一种部门、一种技术社会化与另一种技术社会化等竞争的结果。在这种普遍竞争的状况下，它必然推使资本往高利润和高交易效率的空间（地区、行业等）转移。然而转移存在着成本，其中既有历史的惯性、地方、部门力量等的作用，也有哈维指出的固化在物质空间中的资本贬值。从这一点上说，资本一直苦于"形骸"的限制，也一直试图摆脱"形骸"的限制，进而加大流动的速度和减少流动的成本。

假设存在一个相对封闭的、但内部各要素互联与竞争的空间。资本积累的压力将推动着这一空间内部各种不同要素优化配置（意味着互联深度与竞争强度的加大）、提高交易效率与获取高利润（如图 4 中的技术创新、制度创新、环境修补、时空压缩和大众消费等）、推动着资本从粗放型生产向着更具有创新和更高利润的生产转移，推动着市场的扩张和再生产。这一过程必然高度挤压低利润率的产业，迫使其创新或者逃逸（在空间内部的其他相对落后地区寻找生存空间）。由于知识、技术与管理含量的差异，地方资源禀赋的差异，如前所述，将形成劳动力密集型、技术密集型和资本密集型等产业及其不同的空间分布，进而推进社会形态的变化和社会阶层的形成。在没有（或者很少）与外界发生竞争与互联的前提下，地方政府的作用是维持这一资本生产与再生产的过程，协调阶层之间的社会矛盾，提供基本的公共服务。[4]

假设这一空间打开，与外界空间发生互联和竞争。资本积累的逻辑依然相同，资本会试图穿越空间边界，向更高利润率和更高交易效率的地方流动（危机与机遇并存）。然而，地方政府是在地的，它无法迁移。这也就迫使它从原有的管理型政府向着经营型政府转变，通过对地方资源、资产（包括地方独特的地理、历史过程、人居环境等）的经营和销售，来吸引具有更高利润率的资本类型在地化。在这一过程中，它必须应对尖锐的地方民众日常生活与资本流动之间的矛盾。

四、资本积累与新型城镇化

综上，"新型城镇化"作为一种国家政策，需要处理若干方面的问题。在由相对开放向被迫相对封闭状况下（2008 年后随着国际经济不景气，中国制造商品出口的萎缩，交易效率的下降），然而仍然处于国际高度竞争的状况下，在一组"国际 - 国内"关系变化下，它是关于内部空间发展的重大政策。它的另外一层考虑，要应对过去变革带来的内部社会、城乡关系、环境等重大问题。这一政策具有多重目标，但最基本的是应对和处理资本积累的危机。

它必须首先通过城、乡两大部类关系来调整城镇化形态。通过促进城市生产力和生产关系的扩张，吸纳农村的劳动力、生产资料，改变农村的生产关系，进而提高广大农村地区的交易效率和扩大农村市场，这是将资本积累危机空间稀释的疗法。

它必须加大城市群与城市间的分工，提高生产率。这也意味着城市的发展可能受限于一个更为宏观的国家和地区政策（比如国家层面的主体功能区规划、重庆的五个功能区规划等），进而在未来的发展中再塑城市形态，尽管其中存在着相当的博弈，尤其是以"财税制度"为核心的中央与地方间关系的博弈。在作为各种产业空间承载的土地的收入仍然是地方政府财政主要构成状况下，有效的城市群与城市间分工，必将涉及中央与地方关系的变革。

它也必须处理"公与私"资本与部门间的关系。这一层关系有着多重意涵，是"在地与流动"、社会阶层在结构等方面复杂纠缠的过程。但为处理越来越紧迫的资本积累危机，它必须促进无论是公还是私的资本流动，尤其是私部门的流动性，进而改变公私关系。

□ 图 5 P72

或者说，它不仅仅处理资本积累危机，它还要处理资本积累危机带来的一系列难缠问题。我将其简要归纳为以下三个方面□：它必须在全球和地区范围的技术更新、产业升级、生产关系调整的状况下，以及在来自其他空间激烈竞争的条件下，处理资本积累危机、社会极化和环境恶化的基本问题。一方面，它必须促进资本积累，提升交易效率和获得更高的利润率；第二，它必须应对资本积累、社会生产与再生产过程中出现的公平公正的问题，改善日常生活的品质；同时，它要面对最大的公共品——环境（地区与全球）恶化的困境。权力的合法性将建立在资本、社会和环境构成的矩阵中，在资本积累危机、日常生活和最大公共品构成的基础之上。

五、物质空间实践趋势与对策

上文谈到，城镇化的趋势与状态需要放置在一定的空间范畴中讨论。到此为止，本文简要讨论了一定空间中"国际–国内"、"中央–地方"、"城市–乡村"、"公–私"四种不同空间属性与城镇化的关系；分析个体城镇化实践及其支配要素和逻辑；进而讨论资本积累与地方生产之间的关系，指出新型城镇化作为国家政策在激烈竞争中，面临的资本积累危机、日常生活改善与环境恶化三个基本维度及其问题。

但是，在高度互联和竞争的状况下，"一定的空间范畴"受到更大空间范围发展状态的影响。我选取卡斯特（Castells）提出的"网络社会"、哈维（Harvey）提出的"时空压缩"以及鲍德里亚（Baudelaire）提出的"消费社会"三者的交互来表述当下更大空间范围——全球——发展的一般性状况￼。在这种全球一般性发展状况和国内发展问题的交织下，物质空间生产与实践存在什么样的状况、趋势与可能的对策？

□ 图 6　P72

1. 市场、日常生活与环境

物质空间实践必须回应日趋紧迫的市场饥渴，必须生产市场，这就涉及建成环境的空间存量优化以及新的空间增量生产。两者都将围绕"关联性与交易效率"展开，但前者由于较高密度（人口密度、空间密度、社会行动的时间密度）显现复杂性和紧迫性。它当然必须涉及作为硬边界的制度性调整（比如限制城乡劳动力、生产资料流动的制度变革）、管理体系的调整（整合和优化资源配置，其中的"中央—地方"关系和"公—私"关系是核心），但从物质空间实践的层面出发，它必须提升空间内部的各种实体的流动效率，不仅仅是某一空间范畴内的流动速度，更是空间之间的流动速度和关联性。因此，从这一点上看，各种类型（高速、中速、慢速）交通自身的流畅性和交通之间的无缝连接便成为优化存量关键内容。关联性有不同的等级和节点，而公共空间是关联网络中的节点。因此，优化不同等级和规模的公共空间分布及其可达性是存量结构性优化的重要构成。在增量部分，有效的增量是伴随资本空间扩散带来的效益，往往非行政性的投资[5]。

存量优化必将涉及观念生产，通过观念生产制造市场。在社会多元化和价值观念多元化的普遍状况下，其中必然存在对于什么是"好"（包括什么是好城市和好建筑）的"分裂性理解"和博弈。于是，回到个体实践及其支配要素的分析框架中，"认知"就成为激烈的斗争场域。进而，在物质空间实践过程中，视觉的图像化、符号化（以便利于流动和传播）成为试图左右"认知"（进而左右实践）的基本手段。在这一过程中，将出现传播媒介（特别是新媒体）的支配性力量浮现及其反抗。

在加速流动和关联的状态下，物质空间生产面临身份认同的焦虑。是顺从流动性强制的一致性还是恪守地方的"本真"（或者也可以用本雅明提出的"灵韵"）成为焦虑原点。现实的情况是，地方历史、地理成为生产垄断地租的生产资料，进而生产和制造"表演出来的差异性"，以期获得"历史文化的传承"。这一过程还将不断持续，其结果就是"千篇一律的多样性"（杨宇振，2008）。我的观点是，地方的"本真"存在于当下地方实践之中，它不能通过对于"历史的想象"获取——尽管可以通过"历史的想象"获得抚慰。进取性的"本真"生产将在资本积累、社会和谐和环境优美之间取得一种平衡；它当然与地方的历史和地理相关，但地方不能仅仅作为资本积累的空间，它还与改善人居环境与日常生活密切相关。它最终将指向人与自然、人与人之间的和谐；而历史的再现是维系记忆的手段，它的价值不是努力去逼近历史的真实，而是使人获得当下感。

物质空间生产还必须回应日常生活空间的改善。除了前面提到的促进流动效率之外，重要内容是在日趋增高密度的建成环境中如何改善公共空间系统及其服务。一个较为现实的途径是通过产权置换，结合城市设计来优化公共空间资源配置，特别是生产城市的微型公共空间。通过公共空间系统结构、等级、数量和分布的调整，改善日常生活的空间。

最后物质空间生产必须回应地区与全球环境恶化的基本问题。当下普遍的补救方式是环境困境的技术解答[6]，通过常规性的技术策略（如节能措施、绿色技术等）来处理，而不是结构性的调整。在资本积累的脉络中，更有效的环境问题应对之道存在于优化空间结构、改变生活方式以及改善公共交通之中。

2. 结果、矛盾和策略

微观物质空间必须在社会极化与抵抗社会极化并存的状况下持续实践和生产。其结果将出现辩证的二元矛盾：空间的隔离与碎片化和空间的粘补并存；被制造的空间消费欲望和日复一日的日常空间消费状况并存；强烈的刺激、短暂的愉悦与快速失落后的欲望填补并存；不间断的刺激与刺激后的麻木并存。在这过程中，中间领域逐渐消失，标签化的明星建筑与一般化生产的建筑并存￼；旧、做旧、新和日日新并存；高密度、高容积率与低密度、低容积率快速成为两种发展趋势；自然的生产（Production of Nature）和人工物的生产互为依赖；单一的功能（也往往是现代的、大规模的）与混杂的功能（往往是边缘的、小规模的）拼贴在一起；奢华空间与破败空间为邻；快速与慢速都成为高度需求（外部的快速接入与内部的慢生活成为生产的目标）。在这样的状况下，往往是外部的连接关系支配了内部的存在，想象战胜体验、视觉战胜触觉、图像战胜实体、虚拟战胜现实，导致"内生"的式微和消失，进而产生对日常生活意义的质疑，对持久平淡愉悦的渴望。

在这种关联结构中，作为个体，一种可能的实践策略是回到使用价值的生产中，回到理查德·桑内特提出的"匠人精神"，以期获得一种实在的存在依托；另一种则是基于批判性的反思基础上的建设性实践——它并没有明确的路径和程序化的设定，它存在于日常生活的每一个片段中。

六、结语：观念之城与日常实践

新型城镇化不是全新的转变。作为国家政策的"新型城镇化"是对盘根错节、错综复杂和层出不穷的各种新、旧问题和潜在危机的必然和一揽子的回应。新型城镇化必须通过对空间间性的调整（文中提出的"国际–国内"、"中央–地方"、"城市–乡村""公–私"四个方面为主）、通过对个人实践的控制（需要比以往更高的技巧）来回应资本积累的危机及其带来的一系列问题（公平、正义、环境困境、日常生活状态等）。

纠缠在以上各种关系交互的网络之中，物质空间及其秩序是社会生产与再生产的结果，是一种可视、可感的表征，也成为下一刻资本积累与社会再生产的前置条件。在新型城镇化的过程中，物质空间实践将生存在推进社会极化与抵抗社会极化的共同构成的尖锐矛盾之中，推进城乡空间形态与人居环境的转变，是新型城镇化过程中各种矛盾的冲突及其应对的结果。

无数个体的运动和实践形成城镇化的状态。个人的运动内限定在一定的时空管束中￼。个体是人文意义上最小尺度空间。这一空间的发展状态处在与各种空间关系

□ 图 7 P72

□ 图 8 P72

中。但这一空间不同于其他空间的特点是，它是一切其他空间运动的"元空间"。如上文所述，其实践的关键和伊始在于"认知"。认知空间是各种利益团体硝烟四起的争夺领域——未来是词与物日趋断裂的世界，词显现支配性力量的世界。

这一基本逻辑亦将显现在城市的发展过程中。将不可移动的城市历史、地理、区位、事件等要素重新提取、混合、搅拌，生产出"地方的"、独特的、美好的"观念之城"并诉诸媒体传播将是各个城市在高度流动性和激烈竞争状况下的必然路径。这种生产出来的独特性和差异性将成为新型城镇化过程中最显著的特征之一。哈维曾经在分析巴尔的摩的城市更新中引用过古罗马的谚语，最后是"马戏成功了，面包没有了"——表演成功了，但没有实质性和确实性的改进；地方民众没有从这一过程中受益。

在资本积累逻辑和各种竞争的压力下，新型城镇化必然通过词的秩序与物、社会和自然秩序的断裂和重组，重新定义词和使用词，调节和控制个体的认知，引导和左右各种空间实践，生产"观念之城"。这是一个过于庞大的讨论，也是需要进一步庖丁解牛的讨论。但是，对于城乡规划与建筑设计而言，通过微观的物质空间实践能够积极改变现实的一种方式，是介入日常生活空间，在一个日趋逼仄和被高度限定的世界中，为人的日常生活提供多样性和偶然性，生产稍纵即逝的存在感和幸福感。

（作者：杨宇振，重庆大学建筑城规学院，教育部山地城镇建设与新技术重点实验室，工学博士，教授，博导）

注释

[1] 对于当下大城市地区，需要应对一组在地的尖锐矛盾。即大城市地区在城市群中处于高端产业（一个历史过程中内涵变化的定义）的定位。当下以及未来的高端产业，往往是技术密集、资本密集型的产业，需要的是少数的精英人才而非大量的一般性劳动力。因此，大城市地区必须处理需要少数精英劳动力与"大"城市地区数量庞大人口（作为一般劳动力而存在）的尖锐矛盾；必须处理城市的交换价值与使用价值之间的关系。当下大城市地区内嵌的这一矛盾，随着生产力的提高和扩散，将成为普遍性矛盾，也潜藏着推动社会二元化的趋势。

[2] 一个可以借鉴的案例是，陈东升在《金权城市》中对于台北的地方派系、资本集团和都市发展之间的深刻分析。他指出："在解严与强人政治瓦解后，经济利益团体透过不同的机制来维护并扩张利益，政经关系主要的改变是经济集团与地方政治势力渗透到上层的政治核心，原本是上层政治威权全盘掌控的体制变成上层政权、地方派系、利益团体妥协与共生的体制……所造成的影响是扩大经济与政治的不公平，并使得上层政权、利益集团与地方派系形成利益共生的复合体。"（44页）"在土地价值的操弄上，紧密的政商关系在整个政治结构的转化中，使得原来只是局部性的炒作地价、控制土地，变成全面性的藉由公共建设的投资开发、土地与住宅的开发与上层法令政策的操弄来牟取暴利。也就是说金融利益集团、地方派系及土地集团操弄与影响从地方到上层的都市规划、公共建设与金融的政策管道来取得更多、更大的暴利……而在公共的生活领域运用大众传播媒体塑造新的生活方式来提高土地产品的价值"（46）。

[3] 尽管福柯认为主体"个人"很少或者根本就不具有外在于塑造主体的那种社会和历史构造的内部关系体系的自主性，他还是把身体愉悦定位成剩余而公开的抵抗地点。他认为："各种各样相继的权力／知识体系在各自技术和实践中把身体规训为一个对象。结果身体成为社会秩序中进行竞争的首要地点，也暗示着，在身体政治中总存在着某种残余物，它处在应用于他的控制体制之外，无论那些体制如何总体化和严厉。"转引自大卫·哈维《正义、自然和差异地理学》，上海人民出版社，2010，111页。

[4] 这是一个一般性的表述。早年的地方政府往往具有乌托邦色彩的理想，希望建立一个均衡的、大同的社会，也曾经为此努力和实践。

[5] 对于地方政府而言，有效促进增量的方法往往不是成为投资者，而是改善基础设施与公共服务。

[6] 哈维指出："对环境正义的关注严格地服从于对经济效益、持续增长和资本积累的关注。资本积累（经济增长）对人类发展来说是根本的，这个观点绝对不会受到挑战。……一连串强大且有说服力的话语被嵌入这种标准观点及其相关实践、制度、信仰和权力中。环境经济学、环境工程学、环境法、规划和政策分析以及其他广泛的科学努力，都从不同角度广泛地支持它。正是因为它们之中并没有暗含着对于资本积累霸权的任何挑战。"见大卫·哈维《正义、自然和差异地理学》，上海人民出版社，2010，431-432页。

参考文献

[1] 卡尔·马克思. 资本论：政治经济学批判，第一卷（资本的生产过程）. 郭大力，王亚南译. 北京：人民出版社，1956.

[2] 鲍德里亚. 消费社会. 刘成富、全志钢译. 南京：南京大学出版社，2001.

[3] 大卫·哈维. 资本的空间：批判地理学刍论. 王志弘等译. 台湾群学出版有限公司，2010.

[4] 大卫·哈维. 正义、自然和差异地理学 [M]. 胡大平译. 上海：上海人民出版社，2010.

[5] 大卫·哈维. 后现代的状况——对文化变迁之缘起的探究 [M]. 阎嘉译. 北京：商务印书馆，2003.

[6] 曼纽尔·卡斯特尔. 网路社会的崛起 [M]. 夏铸九等译. 北京：社会科学文献出版社，2001.

[7] 曼纽尔·卡斯特尔. 认同的力量. 曹荣湘译. 北京：社会科学文献出版社，2006.

[8] 曼纽尔·卡斯特尔. 千年终结. 夏铸九等译. 北京：中国社会科学文献出版社，2006.

[9] 陈东升. 金权城市 [M]. 台北：巨流图书，1995.

[10] 杨宇振. 权力、资本与形象——由重庆城市"刷城运动"论全球化格局中的当代中国城市美化 [J]. 城市与设计学报，2008，03.

[11] 杨宇振. 权力、资本与空间：中国城市化1908—2008年——写在《城镇乡地方自治章程》颁布百年 [J]. 城市规划学刊，2009，1：62-73.

[12] 杨宇振. 资本空间化过程中的城市设计：一个分析性的框架 [J]. 新建筑，2013，6.

[13] 杨宇振. 空间疗法：经济危机的空间转移、扩散与新型城镇化 [J]. 时代建筑，2013，6.

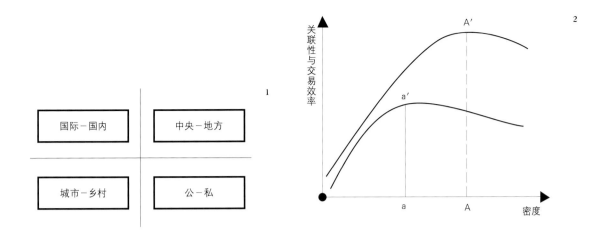

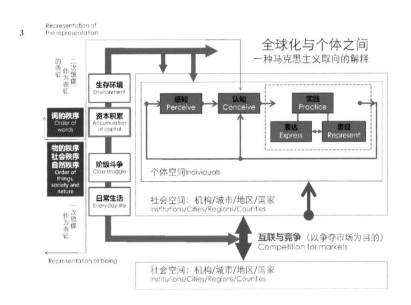

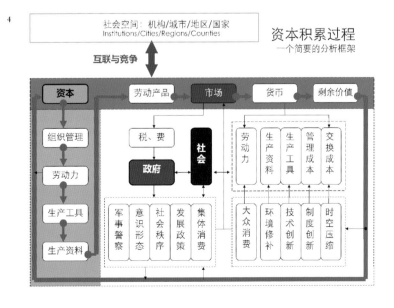

1 四种空间的矩阵
2 优化城镇化：关联
   性、交易效率与密度
3 个体实践的支配性要
   素与逻辑
4 资本积累过程：一个
   简要的分析框架

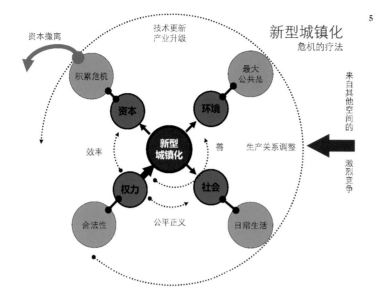

新型城镇化
危机的疗法

资本撤离
技术更新
产业升级
积累危机
资本
最大公共品
环境
新型城镇化
效率
善
生产关系调整
权力
社会
合法性
公平正义
日常生活
来自其他空间的
激烈竞争

时空压缩、网络社会、消费社会的交互
当下的普遍状况

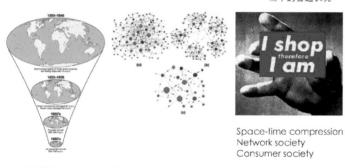

Space-time compression
Network society
Consumer society

时空压缩:资本生产周期的加速缩短,用减短周转时间来获取生存的空间

网络社会:加大流动性、加大关联性、外部性成为本体、二元极化社会的浮现

消费社会:制造市场、生产欲望、特质的商品化、奇观的闪亮出现与快速消失、刺激与再刺激

7a

7b

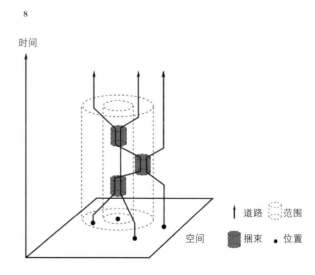

时间

空间

↑ 道路   ⬚ 范围
捆束   ● 位置

中国快速城镇化发展已经历了相当长（至少30年）的历史，给中国带来了巨大的变化，中国城镇走向深度发展——"新型城镇化"是必然、必须和必要之路。论坛邀请彭一刚院士、崔愷院士及国内、外相关领域的多位专家学者就论坛"建筑与新型城镇化"主题做发言报告，共同探讨中国在城镇化进程中的诸多矛盾及亟待解决的各种问题。另外，论坛还包含一个分论坛，从不同的视角讨论"新型城镇化"，现刊发于此，以飨读者。

主办：中国建筑工业出版社
　　　中国建筑学会
　　　宁波市人民政府
地点：宁波博物馆一层大厅
时间：2013 年 12 月 8 日
论坛策划：李东（《建筑师》杂志副主编、中国建筑工业出版社期刊年鉴中心主任）
论坛主持：周榕（清华大学建筑学院副教授）

发言嘉宾（排名不分先后）：
齐　欣：齐欣建筑设计事务所主持设计师
贾倍思：香港大学建筑系副教授，鲍姆施拉格埃伯勒建筑设计（BE）香港有限公司
　　　　主任董事
卢端芳：澳大利亚悉尼大学建筑设计与城市规划学院副院长、教授，澳大利亚国家
　　　　研究理事会（Australian Research Council）"未来院士"奖学者
卢　峰：重庆大学建筑与城市规划学院副院长、教授，博导
杨宇振：重庆大学建筑城规学院教授，博导，院长助理
陈　凌：维思平建筑设计主设计师、董事
冯　健：北京大学城市与环境学院副教授，博士
董　屹：DC 国际合伙建筑师，C+D 设计研究中心主持建筑师，同济大学讲师

"建筑与新型城镇化" 主题论坛纪要

Architecture and
New Urbanization Forum

周榕： 首先欢迎各位嘉宾参加我们今晚"建筑与新型城镇化"的主题论坛。今晚的嘉宾构成有两个特点，首先是"多元化"：既有卢峰、杨宇振、冯健这样来自高校的专家学者，也有齐欣、陈凌、董屹这些来自城镇化第一线的职业建筑师，我们期待今晚他们能从理论和实践的不同观察视角与价值站点进行思想碰撞与交锋；其次是"国际化"，来自澳大利亚的卢端芳教授和来自香港的贾倍思教授将和我们分享中国内地之外的城市化经验，同时也作为"熟悉的陌生人"对我们当下的高速城市化进程提出自己的意见。众所周知，在过去的二十多年里，中国的城镇化以其前无古人的速度和规模令世界瞩目，不仅彻底改变了当代中国的空间格局与形式面貌，也深刻影响了当代中国人的生活状态和思想意识。随着城市化率的迅猛增长，中华文明正在从"农耕文明"向"城市文明"快速转型，这一"文明转型"对中国政治、经济、社会、文化结构的全方位冲击和再造，成为我们今天在思考和探讨建筑与城镇化问题时无法回避的时代背景，希望今晚的论坛能够从更多角度和更深层次揭示出建筑与新型城镇化问题的丰富意义。

我想先问问冯健老师，作为建筑专业以外的专家，您能否概括一下当前中国快速城镇化所带来的最突出的问题？

冯健： 当前中国的快速城镇化举世瞩目，在其取得巨大成就的同时，也引发了诸多的问题，我们付出了很多的代价，我认为它带来的最突出的三个问题是：土地代价，生态代价和文化代价。首先是土地代价。一方面，在最初的阶段，为了发展经济，我们的土地成本很低，有些经济欠发达地区的开发区土地甚至是"零成本"；另一方面，当市场成熟以后，政府又过度依赖"土地财政"，征用土地和"卖地"成为很多地区政府增加财政收入的重要手段。这样造成一个很尴尬的局面：一头是国家要保住18亿亩耕地红线；另一头是地方政府大力推进城市的空间扩展而大量征用农民土地，甚至是"上有政策，下有对策"。总体上在土地方面我们付出了很大的代价。一些经济发达地区，土地十分紧张，如浙江省义乌市，从它的总体规划图上看，除了山地等不可建设用地以外，几乎都被建设用地覆盖了。其次是生态代价。当前长久弥漫在东部沿海地区的雾霾天气是快速城镇化最突出的一大败笔。20世纪60年代伦敦的雾霾只是发生在一个城市，是一个点，而中国是几乎整个东部地区，甚至东中部地区，是一个带，治理的难度可想而知。此外，还有地下水污染和土壤的重金属污染，这都是工业发展让我们遭受的惩罚。地下水都是相通的一个系统，如何治理，让人都不敢想了。呼吸空气、饮用水和食用土地上生产的粮食是每个人都无法"逃脱"的，是维持生命的基本需求，这些问题不解决，做不到"以人为本"，代价实在是太大了。还有文化代价。快速城镇化是典型的快餐文化，在城镇化进程中地域性文化、乡土文化，很多都已经丢失了。一些保存好的地点，我们还有可能关注，而更大面积上的"乡土文化"在丢失，尤其是那些大量的安置农民的住宅建筑，"城不像城，乡不像乡"，问题太多。我再举个例子。建筑师多对苏州的建设充满感情，我最近参与了苏州的总体规划，苏州的古典园林虽然保住了，但整个苏州就像一个"大工厂"，从整个城市结构看，园林（老城）的外面密密实实地包围着工业用地，让人感觉很不舒服，在这种氛围下即使保留住了传统文化的形，也没有保留住传统文化的神。总之，中国快速城镇化的问题有赖于各个学科去反思。我是从一个建筑学的外行来谈一些问题，算是抛砖引玉吧。

周榕：谢谢冯老师，下面我想请远道而来的卢端芳教授发言，你一直在海外，没有参与过去20年中国高速城市化进程，也意味着与中国的城市化没有什么切身的利益纠结，因此请你从客观的观察者的身份，谈一谈中国城市化进程中，哪些问题是比较致命的？

卢端芳：作为一个冷眼旁观者，我觉得有很多问题。比如说最近对土地财政的批判，但其实土地财政在中国高速经济成长期，有它自己特有的作用；比如说中国产品之所以便宜，土地是其中一个很重要的因素——土地很便宜。通过土地财政，可以去搞城市基础设施建设，在过去20年，取得的成就也非常大。像印度的土地管理是非常碎片化的，没法像中国一样把基础设施建得很好。当然现在中国土地财政出现了两个方面的危机，一是土地存量比较少；另一方面，国家重视食物安全问题，所以要控制18亿亩耕地红线。这就导致一个张力，一方面要发展另一方面又要保有耕地总面积，所以从2006到2008年左右，各地开始展开城乡用地增减挂钩政策，通过拆迁并居节省下来的土地，去换取城市建设用地，这等于加剧了刚才冯健老师说的三个问题，尤其是文化层面的断裂，我觉得这是非常糟糕的。它等于把村庄拆了，然后把村庄的土地转成耕地，农民就是"被上楼"，搬进现代式的公寓楼，导致原来作为文化载体的空间消失了，农民既不是完成城市化的居民，又失去原来从事庭院经济的空间。我不知道其他同仁，是不是还有别的一些看法。

周榕：肯定有，下面有请齐欣老师讲一下。齐欣老师是50后，从您小时候到现在中国发生了一个天翻地覆的变化。在超过半个世纪的时间段里对中国的发展，特别是城市化发展进程，您最深刻的印象是什么？

齐欣：中国这些年的进步大家都看在眼里，给大家带来了很多方便。当然也有很多问题。问题部分大家都谈得很清楚了。但是总体来讲，我还是比较乐观的。比如说，对于目前中国城市中把路越修越宽，建筑退线越退越远，房子间距越来越大的做法我也反对。但退一步想，这也给未来的城市发展留下了余地。也就是说，40m或60m的道路红线足以建出一片街区，再加上填充现有建筑之间的空隙，未来不是又能做出许多建筑么？至于道路，只用现在建筑的退线部分就够了。这也算是一条可持续发展的路吧。事实上，每一代人做的事都会被下一代人去更改。从这个角度讲，没必要过于悲观。

只是好像又有一拨大的城镇化浪潮要到来了，同志们为此兴奋不已，蠢蠢欲动。与此同时，目前中国城市中空置楼房越来越多。在没有刚性需求的情况下，为什么还要建呢？城镇化的目的何在呢？中国人现在比较自信了，想一步到位。但到哪个位置呢？许多发达国家在经历了城镇化后，越来越多的人想回归乡村，因为他们乡村的现代化以及舒适度已完全不亚于城市了。如果这是未来，忽然间，整改我们目前乡村的面貌就更靠谱了。

周榕：齐欣老师总是有惊人之语，我想请我们这儿最年轻的一位——董屹老师，来回应一下齐欣老师的一段话，你肯定是属于新一代的。

董屹：其实我个人是比较同意齐欣老师的观点。我一直觉得城镇化其实是有一个规律，大概是这样的一个坐标轴，X轴是所谓的"现代化"，Y轴是所谓的"西方化"。城镇化是一个在X轴和Y轴之间的一个抛物线。大部分发展中国家，在城镇化的初期，现代化和西方化是重合的，但是到抛物线顶点之后，现代化层面在继续往前走，但是西方化层面的发展趋势开始减弱，我们称之为"去西方化"。我个人感觉，中国这些年好像已经过了顶点了。之所以我们把从前不一样的城市，变成了千城一面，这可能是一个很重要的原因。近几年"去西方化"过程中，开始逐渐和现代化发展过程统一为一体了，作为一个设计师我有很直观的感受，业主在最近三五年来越来越多地开始提倡反映传统文化和地域特色，我觉得这可能是一个很乐观的方向。

另外，跟城镇化实际相关的项目，比方说鄞州人才公寓，是去年中国建筑传媒奖的获奖作品，也是立足于解决一些社会问题。宁波市的政策是所有的安置区建设都是新区开发的第一个项目，同时农民都是原地安置。这个区域内的农民安置之后仍然在这个区域，也就是说他们至少在区位上，保证他们今后都能生活在城市中心，这是一个非常平等的起点，今后他们能够享有和城市居民同等的教育资源、交通资源，甚至于他们的房价也可以达到同等的水平，我觉得这是一个政策上的扶持。

同时在人才政策上也有倾斜，通过租金策略来鼓励三年内的循环和流转。其实是不靠这个挣钱，更多的是基于社会效益。我觉得这些都是能看到的比较乐观的方向，一方面是刚才说的发展中的"去西方化"方向，一方面是政府的政策支持。我同意齐老师的观点，我们还是相对比较乐观来看待这个问题。

周榕：谢谢。下面请重庆大学卢峰老师发言，您怎么看中国城镇化当下所面临的问题？

卢峰：我在学校当老师，同时还有一个很特殊的身份，在县里面当了三年总规划师。我对中国城镇化有一个很大的质疑。中国的城镇化和解决三农问题实际是搁在一块的，因为城镇化过程中要占用农村的土地，要把农村劳动力转化为工业化劳动生产力。同时城镇化还是一个不断扩展城市区域的过程，现在城镇化只关注了城镇，没有关注农村。按照能量平衡原则，城市是一个耗能的体系，农村是一个产生能源的体系，这两个体系相互循环，才能产生很好的平衡。但现在农村的再生能力很差，而城市化的过程，并没有为农民保障提供很好的条件。

我认为这一城市化过程是不顺利的，所以中国城镇化最重要的，一是要把农村的农业发展、三农问题作为解决中国城镇化发展的一个侧重点；二是要把农村建设作为解决未来城市可持续发展的一个重要的解决方案，而不应该作为附带品。

周榕：谢谢卢峰老师。下面请陈凌先生发表意见，您作为一线建筑师，绝对是中国快速城镇化过程中一个重要的推动力量，您怎么看中国过去城镇化的问题，有哪些反思性的认识？

陈凌：中国平面扩张式的城市化是一个迫在眉睫的危机性问题，需要有一个新的宣言来告诉大家，中国下一步怎么走。大家应该一起努力，赶紧转变方向。讲一个例子，日本占领台湾 50 年，在台湾留下了一个非常好的城市格局，到今天一个多世纪了，还在被非常好地利用着。不管经济发展的起伏，老百姓在城市都能够找到安居乐业的生活空间。在市中心典型的房屋形式透天厝，一楼可以开店，楼上二到四层可以住家，一个老人到了七八十岁，还可以在一层厨房里面帮厨，或者在杂货店卖东西。这就是一个良好的城市格局景象。而我们现在所在的城市格局是什么？很多城市是不允许做底层商业的。比如今晚大家住的酒店所在的区域，周边空无一人。这是一个根本性的城市结构差异。

城市应该有基本的自律。中国的城市容量是按照每平方公里一万人规划的，但实际上所有建成城市远远低于这个指标，因为这个计算既包括建筑又包括建筑间留出的给未来使用的土地，这些在我们有生之年不需要的空间，却要每天跨越它。我们被城市"奴役"，被我们的经济模式"奴役"，被一种不断扩张的城市方式"奴役"。我们的城市越来越垄断、孤立。

作为建筑师，我们的方法是提倡"中心"，一个城市就是"中心"。美国人已经告诉我们不要再重蹈他们的覆辙。我们只有建高容量的中心，让城市的每一块土地可以容纳更多的人，能够享受到城市真正的文明。我们要建造一个可行走的、高密度的、只有中心的、大家能够互相见面的城市，人们不只是在某个特定场合才能见面，离开后只能通过手机联系，那不是属于未来的模式。

周榕：谢谢，讲得非常精彩。下面我想请贾倍思老师来讲一下这方面的认识。您当年从内地去香港的时候是 20 世纪 90 年代初，香港的高速城市化发展比内地要早 20 多年，那么我们不禁要想一下，内地这些城市发展的未来，会是很多个香港吗？或者香港这座城市足以当作我们内地城市发展的一个样板或是教训吗？

贾倍思：从香港来说，跟中国内地联系这么密切，城市化的程度又非常高，的确有很多可以借鉴的地方。其中一个大家都有的共识，就是香港的高层、高密度，它带来了很多优点，特别是我们今天谈的生态环境这个方面，整个城市效率变得很高，能耗、交通、服务、建筑的基础设施等，这些建设效率变得非常高，比如说公共交通非常发达。它的条件之一，就是人口要有足够的密度，才能形成效率比较高的交通体系，就是用 15 分钟时间，乘坐任何交通工具，从香港任何一个地方，都可以到亲近自然的地方，比如说郊野公园、沙滩、海边。这都是一个高密度城市带来的一些优势。

我个人觉得今天的城镇化应该是一个新的开始，应该是一个反城市的开始。因为基本上来说，城镇失败的地方要比农村多，现在要谈的就是不要把城市失败的东西放到农村去。这是我个人的观点，先说明一下。

周榕：谢谢贾老师。那么，第一个阶段我想请杨宇振老师做一个总结陈词，杨老师是在建筑和城市两个研究范畴都特别博学的一位研究者。您能不能对中国城市化先做一个自己的个人陈述，再对刚才第一阶段大家的看法有一个回应与总括。

杨宇振：谢谢。在讲我的想法之前，我快速回应一下卢端芳老师刚才关于"土地财政"的一个基本问题。我的想法是，中国的城市化，很有可能是人类发展史上最重要的一次事件，它也可能比 1840 年英国工业革命影响更为广泛和深远。中国的城市化涉入全球的深度和它巨大的建设量，决定了它的重要意义。那么在这个过程中的一系列改革，如 1994 年土地财税制度改革，恐怕是一次非常伟大的创新。当然我们可以批评它存在的问题，可是在这个特殊的历史阶段，怎么样快速推进城市化，它仍然是一个非常重要的制度创新。

周老师提出一个非常好的问题，我想把冯建老师的看法做三个方面的说明。第一，新中国成立后有两次断裂性的破坏。在过去 60 年的发展里面，前面的 30 年是第一次断裂性破坏；但是最近的 30 年，恐怕是一个非常彻底的、完全的二次断裂性破坏。第二，过去第一个 30 年是一个平整的社会阶层，可是第二个 30 年，出现了一个社会阶层的分异。虽然这是正常社会所应该具有的，可是，它的固化是个严重的社会问题。过去的科举，能够使得阶层之间流动，可是今天的固化，已经进入"拼爹时代"等等，这是一个应严肃对待的社会问题。当出现阶层分异的时候，下一阶层的人怎么能够向上流动，使得每个人都有梦想、有希望，是很重要的。然而，当阶层固化的时候，这种希望恐怕就很快会破裂。第三，就是文化的示弱和文化的高度商品化，包括空间本身也被商品化。但这不是今天出现的问题，波德莱尔在资本主义出现之初，就谈到这方面的问题，在今天变成一个非常激烈的问题。

周榕：好。刚才几位嘉宾都表达了自己对城市问题的基本看法。本来我觉得可能对于城市问题的判断大家基本差不多，但是现在发现几位嘉宾的想法其实有一些根本性的差异。所以下面我特别希望台上嘉宾，就其他人跟自己不同的看法有一些回应。

陈凌：我想解释一下高密度跟大家生活的关联。一座高密度的城市，只有中心，没有郊区，但高密度并不意味着高层。例如在巴黎核心的左岸区，它的覆盖率远远大于 70%，70% 的覆盖率如果盖上六层房子就是 4.2 的高容积率了，根本不需要盖高层。当然在中国要考虑"日照"，但我觉得这是可以讨论的。如果我们能够增加覆盖率，允许提高容积率，我们可以建立一个集约型城市，实现像贾老师所说的那样，坐 5 分钟车，甚至走 20 分钟路，就可以走进自然，这就是我们说的"行走城市"。我觉得一个高密度的城市，应该是可以解决这些问题的。

周榕：从我的观点看城市问题，是没有一个统一的解决答案的。最典型的一个反例就是东京。东京的密度非常高，当然肯定还到不了香港的程度，但相对于北京、上海的密度，它是非常高的。但是东京这个城市，由于它的规模非常大，长期是世界人口最多的城市，有 2700 多万人，在这样一个情况下，人们花在道路交通上的时间，实际上没有因为它的高密度而降低。我们已经在讨论，上亿人的城市在未来是不是有可能出现？完全有可能。在这种城市里，高密度是不是一个唯一有效的一个解决方案？会不会起到缓解您说的平抑地价的问题，起到缓解交通的问题，恐怕问题没有这么简单。

陈凌：抱歉，周老师，我觉得"密度"这个概念可能需要大家仔细讨论一下，在这里我所说的密度不是覆盖率，"密度"应该是用土地面积作分母，分子一个是能盛下多少人，还有一个是上面盖了多少房子。密度是一个比值，不是一个绝对值。按照我们"行走城市"的理想模型，北京即使发展到 4000 万人，也只需要 30km × 30km 的土地面积，从市中心 15km 外就是大自然。

周榕：我觉得这不是唯一的解决办法，台北的密度还不如东京，其实应该不是通过密度来解决，只有香港是非常奇特的一个案例。可能密度是一个因素，但是良好的社会结构、空间结构、资源配置的结构，相对来说，可能对于城市更重要。

冯健：我补充一点。所谓的每平方公里一万人，规划里算的是一个平均值，但现实中的城市，密度不是平均分配的。我住在中关村，我从来没享受过高密度的一点好处，我每天都在逃离高密度。当然，确确实实我们的城市建设存在很多不集约的现象。我觉得与其讲高密度，不如说它应该是一个应有的合理密度。另外，与其讲城市高密度带来的效应，不如讲我们应该着手来提高优势资源的普及面。

从一个城市尺度来讲，应该强调建设高度，如果是从区域尺度来讲，我个人认为不应该等同于更加的"集中化"。经济学里面强调规模效应，但规模效应达到一定程度就不经济了，所以它一定有一个门槛，我个人认为在现在的中国，其实更应该强调适度的分散，才能更好地在城市建造集约型的建筑。现在大量的流动人口都奔向"北上广"，造成这些城市不堪重负，2000年以来，北京的人口增加了近1000万，有这么多人、这么多的车，交通部门再有手段，你怎么能解决好交通拥堵问题？怎么能解决好生活用水和城市垃圾处理问题？与之形成对照的是，大量的大中型城市在吸引流动人口方面动力不足。归根结底是，优势资源过度集中在"北上广"，中国地区之间、城市之间的收入差距过大。所以，我的观点，与建设高密度城市相反，应该着手减少收入和资源分布的地区差异，才能根本解决人口过度集中的问题。

周榕： 先听听其他嘉宾的意见，齐老师讲两句？

齐欣： 我理解陈凌的意思，并比较支持。我们现在城市的发展在摊大饼，完全无视已建城区中还有许多空地。陈凌经常做小区设计，会发现从南到北的客户都要求均好，都要朝南，都算日照，造成极大的土地浪费。我觉得这些看似合理的要求极其无理，也不像他们说得那样："符合中国传统"，因为中国历史上从来就有东西厢房。仅从卫生角度出发，柯布就认为东西向的住宅最合理，因为两边都能享受到阳光，而南北向房子中朝北的房间终年不见阳光。关于东西晒问题，窗帘和空调都能轻易解决。

周榕： 中国城市最大的浪费其实是制度性浪费，并不是设计的失误。为什么呢？因为制度的僵化，很多规范的依据可能还是20世纪50、60年代的东西。比如说日照这个问题，这个对于土地的浪费是非常大的。另外一个例子就是地下坡道，中国的坡道浪费程度远远大于任何一个国家，因为中国坡道缓，是基于以前汽车性能比较差的情况。我们的城市规划，实际上没有经过批判性的思考，是20世纪80年代刚开始大规模城市化的时候，仓促上马导致的结果。如果真正要对它进行反思，解决制度性的浪费，必须对城市法律法规有一个深刻的检讨才行。

这里我想补充一下刚才齐老师说的，包括密度问题、红线的控制、容积率、覆盖率，这些问题都没有经过一个深入的探讨，在中国城市规划的发展体系里，它凭什么就变成一个强制性的规范在全国来实现，这有很大的问题。下面卢端芳老师迫不及待要发言了。

卢端芳： 我想补充的是，在同样的空间条件下，是否拥有智慧管理形成的结果是非常不一样的。现在有套理论，叫城市的胜利。大城市对聚集人的才能和智慧是起很大作用的，像东京、纽约、伦敦这些大城市，起到了非常正面的作用，而且作用越来越大，但是同样看那些发展中国家的巨型城市，像马尼拉、墨西哥城，显然密度相似，因为管理混乱，结果是非常糟糕的。

如果希望得到一些比较正面的结果，必须把潜能充分调动起来，使得城市可以吸纳更多的人，现在我觉得问题在于，我们没有足够的能力去吸纳这些本来已经在城里工作的民工，也没有办法给他们的子女提供上学的机会，并给他们提供一些社会保障等。为什么会有城镇化这个情结？从费孝通开始就研究城镇化，尤其是到现在，中国经济必须增长才能保证社会继续稳定发展，城镇化其实是一个促进因素。

另外，中国城镇化也必须放在全球框架下来考虑，比如刚才杨老师讲到的分税制，20世纪90年代分税制确实使中央财政能力得到了保障，但是从另外一方面说，它其实是一个非常有效的挤奶器，它把地方的资源、能力和资金源源不断地挤出来，然后钱最后都换成美债，随着美元不断的贬值，变成了相当于打白条，所以，地方的资源被源源不断地挤出来，最后并没有使地方上的人们得到足够的福利，没得到跟他们的付出相匹配的福利。所以，城镇化不光是中国国民空间里面的事，应该放在全球空间里面来考量。

周榕：卢老师刚才第一点我非常同意，就是密度要跟管理匹配，我们不能单纯从硬的指标看事情，城市永远不是冷冰冰的一些数据，它实际是跟整个人文环境，跟它的管理要匹配在一起的。同样的密度情况下，有的城中村做得生机勃勃，有的城中村就变成了一个刑事犯罪的高发地，所以单纯从密度上判断不了生活质量，它一定跟在这个密度里面的城市的社会运营、社会的组织结构相匹配。

但是第二点你说放在全球范围内看，比如说谈分税制，我就不是完全赞同。因为如果当初没有分税制，而是强行把地方资源变卖出来，其实等于是变卖家产，地方财政一下没有收入来源，会带来一系列的后果。这个政策把中国大量的土地能量释放出来，你说没有相匹配，如果当时没有这个制度，我们连付出的机会都没有。

中国的发展由于它的人口基数、规模量级，其实已经溢出西方现成的城市理论模型之外，所以不能用这个方式去探讨问题。所以我觉得现在看到的现象是我们不断去把钱换成美元，变成国债放在内地，但是我们20年以后看结果，看看中国整个社会发展状况和美国的状况、欧洲的状况，这个问题是不能用现成理论来解释的。

卢端芳：我们应当把时间坐标也放进去，土地财政之前确实是一个很好的体系，但是现在土地资源已经用得差不多，人口红利也用得差不多了，现在我觉得城镇化就是为了解决怎么进一步让可持续性维持下去，我并不认为，同样的机制可以一直这么下去。

周榕：我们现在的体制其实意味着一个巨大的可能性，就是我们还能释放制度红利。比如说在欧洲也好，美国也好，它已经运行得非常完好的机制，但是它已经没有释放制度红利的可能性。所以对于欧美来说，唯一的可能性就是技术红利，但是恰恰在这一点上，我觉得中国的城市，其实是享受了一个最大的技术进步的红利，没有任何一个国家比中国更享受互联网带来的红利。

杨宇振：首先，一定是要把中国城市化、城镇化放到一个国际经济格局来谈，我觉得这两个问题并不矛盾。第二，我补充一下，原来计划经济时期的土地价格为零，现在通过"招拍挂"，获得一个很高的价格，这是土地商品化的过程；另外，有一点值得我们注意的是，杨小凯提出一个"后发劣势"的概念：发达资本主义国家，在制度建设路上，实际上是循序渐进，但是往往我们直接拿过来用，我们用他们的技术，但是我们缺乏产生技术、产生创新性的一套制度性安排。我想做这么一个简要的回应。

董屹：麻省理工专门有讲中国城市化的课，里面有一些统计图表，中国的城市化，也做了一个坐标图，X轴是城市化，Y轴是经济的发展，然后中国的发展轨迹是非常直的一根斜线，也就是说这么多年以来，城市化过程和经济发展过程联动是非常均衡的。和以前欧美国家城市化发展过程相比，这个轨迹基本一致。但是和如今世界上其他发展中国家的城市化轨迹相比，没有任何一个国家是能够达到这样一个轨迹线的，很多国家都是在城市化到了一定阶段之后，经济就衰弱了。在这一点上，中国的确独一无二的。

像卢老师说的，我们把它放在一个时间的维度，研究中国的城市化可能很难有参照性。研究中国城市化经济的驱动力，其实同样有一个坐标轴，X轴就是土地与城市中心的距离，Y轴是土地价值。在城市化发展之前和城市化中，它们的曲线都是一个倒的抛物线，在城市化之后，等于距离加大了之后，仍然是一个倒的抛物线。而城市市中心的地价其实没有太多的变化，也就是说经济来源最大值不在于市中心的高密度化，而在于它从市中心到原来郊区或农村这段土地价值的扩大。而这段价值的扩大的受益者，其实也分成三份，一个是开发商，一个是原来土地的所有者，可能就是农民本身，一个是政府的城市发展收入，这块收入其实很大程度上是政府去做城市化决策的驱动力。

如果我们只是发展城市中心的高密度化，那么它在X轴上就没有往前推动的动力，这可能就成为没有人来推动城市化的一个原因，毕竟这些都是国家层面的政策，建筑师在这个过程中能做什么呢？我们一直在谈城市化的过程，其实这是一个各方利益博弈的过程，不同的阶层都会在其中产生比较大的社会结构的变化。那么在这个过程中怎么保持社会公正，我发现建筑师能够对进程产生影响其实挺少的，我们能做的可能只是空间的公正，就是在非常苛刻的条件下，让大家能够均衡地享受空间的资源，比方说阳光、通风、景观……我觉得这可能是建筑师在这个过程中能够做的一些事情，也是我们实践当中一些小的感想。

周榕：我觉得"空间公正"是一个很好的词，但它也是一个很危险的概念。其实我们以前不叫"空间公正"，叫"均好性"，实际上是同一个事情，但是均好性会造成城市土地利用的低效率，造成刚才陈老师讲的，本来应该可以享受这个城市或区域的人，就完全没有了这种可能性，由于对一部分人公正的安排，导致了对更多的人不公正的可能。因为空间的权力，在我们这个时代，不是分配而是购买，购买的公正性，已经在市场经济原则下体现了，它不需要在基于分配体制下的空间配置里面去体现。市场也不是真正的公正，市场也有很大的问题。所以，任何一个概念，如果没有经过一个批判性反思的话，都有可能是危险的，而"均好性"概念是基于过去单位分配体制造成的。

卢端芳：提到"公正"，我想替朋友问一个问题，现在的土地招拍挂或者土地整理，都被地方政府或者区政府垄断，土地招拍挂导致的直接后果是土地越来越贵，导致房价越来越贵，不但城里不少人买不起房，在城里打工的流动人口也买不起房，所以现在经济学界就提出另外一种方案，把城郊土地的发展权交给城郊农民，因为城郊农民本身就是土地的所有者。我的朋友考察了深圳城中村的例子，觉得非常成功，他觉得如果把城郊土地发展权交给城郊农民，让他们来集体发展或通过个人来发展，很可能就能建立起另外一种体系，一种能够提供便宜房子、更加公平的卖房体系，我想知道大家怎么看这个事。

周榕：把发展权交给农民就能体现公平吗？这是一个很大的问题，也不是没有这样的尝试，但实际上带来一系列的问题。一个就是农民拥有的城郊土地价值提升，不是他自己造成的，是大量城市基础设施、公共投入造成的，实际上是城市发展的红利，农民参与其中却没有付出任何努力，他是搭了城市发展红利这班车，那么，把城市发展红利百分之百给他，就是对城市大量纳税人的不公平。

还有对于早期被城市很廉价拿走土地的农民来说，也是不公平的。有些人是钉子户，待得越久，拿到的钱越多，那么对于早期把土地给了城市的农民就很不公平。所以现在政府面临着非常多的上访，这是为什么？当年可能只有几百块钱一亩，20年前几千块，现在面临着是几百万，所以早期的失地农民向城市再次提出要求。那么这个公平性怎么体现？所以我觉得，在书斋里面想到的这些制度设计，往往在现实中会遭到非常残酷的、劈头盖脸的打击，会造成一系列社会矛盾。我们现在社会的这个制度，城市政府拿走了大部分，看似是不公平的，但或许在我们解决多层社会矛盾集中的情况下，它还是最公正的。所以社会问题，恐怕还不是我们抽象来谈一种制度是怎么样、怎么安排，就可以解决的问题，它是非常复杂的一个问题。

卢端芳：刚才您说得非常对，其实现行这种分配体制，在现在来说可能是最合理的，包括《地权逻辑》等书也是一直在为现行的制度做合理性辩解，就是说现在城市居民能够享有这么好的社会福利和资源，跟现有的土地财政机制都是息息相关的。但是，我想再听听其他人的意见，另外一种可能性是不是存在？

贾倍思：回到你刚才说密度和乡村化有矛盾的问题。我觉得文明的堕落，多少跟城镇化有关。我没有详细的研究，但我觉得中华文明是乡土文化，五千多年来我们没有城市文化，农村里出来的农村孩子、秀才们可以到城里去做官，甚至可以当宰相，从来没有文化的隔阂和受教育的限制，很长时间中国的城乡都是一体的。有钱人的理想是回到家里拿钱盖房子，或者是教育他的子女衣锦还乡，这是中华文明根深蒂固的一个概念，我们今天谈城镇化千万别忘了这个。如果我们走一条中国城镇化或乡村化之路，跟我们理解的西方工业社会的农民挤到城市里面打工挣点工资不同，那么中国也许真能走出自己的希望。

刚才提到中国城市里面一些建筑法规问题非常具体，中国城市被这些法规给彻底破坏了。我们喜欢的那些城市，比如巴黎、维也纳、威尼斯，或者是中国的古城，没有一个美丽的城市是按照今天中国的规范建造的。刚才谈到的互联网问题，为什么人们要到城市里居住？因为他只要到城市里面就可以进行交换，非常方便。在中国，如果我们能够实现居住网络，无论大城市还是小城市，能够实现快速的交换，我想很多人还是希望能够住在靠近自然的地方，我觉得这种选择可能更接近中华文明，更接近于人类本性，但问题是能否实现这种交换，包括解决交通问题。

再回答一下密度问题。中国传统的农村是高密度的，但并不是说中国传统农村是类似于香港的高密度，应该说相对于世界很多其他地方的农村，中国的村庄是高密度的，街道非常窄，房子一栋紧挨着一栋，这种高密度传统在任何一个中国文化中都存在，因为它是一个资源分配的问题，是效率问题。如果我们在相对小的城市实现某种高密度，能够优化公共交通，达到交换的便利，我觉得真是对中国、对世界文明是个贡献，而不是继续重复工业社会那条路，才能走到后工业社会，在中国的有些地方可能会先进入后工业社会，我们要有这个信念。

周榕：贾老师讲得非常精彩，您刚才讲了几个重要的关键词，就是"乡村化"，因为我的概念中，中国只有三个"村子"，一个叫"农村"，第二个叫"乡村"，第三个叫"城中村"，只有这三个"村子"。30%的乡村，10%的城中村，60%的农村。农村和乡村是两个根本不同的概念，农村的特点是农业为主，要从事农业生产。乡村的特点是有乡村的环境，往往占有很好的自然环境资源，或者在城市近郊区，或者挨近城市，所以您讲的"乡村化"和"农村化"是完全不同的概念。

其实对于60%的中国农村来说，这是不能沿袭我们现在这个发展方式的，必须走集约农业的道路，否则小农耕作根本不可能产生足够的效率。为什么中华文明不能以农村为根基？就是因为中华文明曾经长期维持在1亿人口左右，在这么多土地面积的情况下，是一个能够自给自足的文明形态；到了（清）乾隆中期以后，中国人口翻了一倍，到了2亿，到乾隆后期马戈尔尼访华的时候，中国的农村是惊人的贫困，土地的耕作和家庭手工作坊已经不足以支持农村富足的文明形态；经过晚清以来不断的战乱，八年抗战，三年国共内战，到新中国成立的时候，人口有4亿5千万，中国越发不能支撑一个自给自足的农耕文明形态了。所以，如何在资源变更的历史条件下再造中华文明，实际上是我们面临的一个最深刻的问题。再造文明，是晚清以来的中国知识阶层早已深刻意识到的问题，中华文明必须从农耕文明为基础转向以城市文明为基础，这是没有办法的事情。中国14亿人口，必须得通过城市这一高效结构去维系文明，任何田园牧歌式的幻想，都是不切实际的。所以，中华文明不可能回到农耕时代的文明，而必须在城市基础上再造中华的现代新文明，这是我一贯坚持的根本态度。

第二，我们当下谈论的"乡村化"实则是一种城市化的变体，它并不是我们原来以农耕为基础的与生产方式密不可分的居住方式，而是另外一种与生产无关的人口分散式的居住方式。所以，在现有社会基础上的乡村要像过去基于古代传统农耕社会的乡村化，已经是不可能了。这是我想回应的两点，一个是文明的问题，一个是乡村化的问题。说到"乡村化"，我想请卢峰老师谈一谈看法，您是对农村问题非常有研究的。

卢峰：中国城市发展到现阶段，面临三个差距：一个是东部城市和西部城市的差距，一个是城乡差距，一个是城市内部的社会差距。所以，未来中国城镇化无论选择什么方式，必须弥补这三个差距，这是中国未来城镇化很重要的衡量标准。

第二个问题是关于周榕老师讲农村的问题，其实现在农村面临的最大困境是，集约化农业产生的产量的巨大提升并没有带来农民收入的增加。我个人认为，因为农业第一产业空间和市场空间的连接度不够，农业的产量提高并没有成为农民致富的条件，所以关键是要给农民提供一个市场化的途径，使农业第一产业的附加值提高，包括旅游业及其他产业的提高。那么城镇化成了很重要的平台，尤其是中小城镇必须成为这么一个平台，否则，中小城镇的发展也是不可持续的。

周榕：谈到"一产"和"三产"连接的问题，其实并不是这么容易做到的，它很难做成一个普适型的农村模式。我刚才说，中国只有30%的乡村有条件把"一产"和"三产"连接，除去10%城中村不说，另外60%的农村的"一产"不可能全转换成"三产"。转换成"三产"有几个有名的例子，一个褚时健种的褚橙，通过传播把它变成一个励志故事，经过反复包装，卖出天价。另外一个是河南信阳的郝堂村，把这个村子的名声做出来以后，成了旅游村，原来一亩地的莲藕，也就卖几百块钱，但现在通过卖三块钱一个的莲蓬，一亩地可以收入上万。但这些都只是特例和个案。我了解到几十个住房和城乡建设部试点的把"一产"变"三产"的乡村规划，选的都是自身条件很好的，同时无一例外都只有单一的方式，就是发展旅游业。但是，在我看来，这个模式只有在特殊资源相匹配的情况下，才具有推广性，而这个问题经常被我们城市建筑师所误解。

今天论坛马上要结束了，我想按照议程的规矩，每个人对于城镇化和建设的未来说一两句话，从齐欣老师开始。

齐欣：我没什么要说的。

卢端芳：我还要是强调一点，不管是城镇化还是乡村化，都应该放在全球体系里去考量，现在在国外一些大公司对中国粮食市场虎视眈眈，农村的发展还得从整个体系来考量。

卢峰：今后中国城镇化是更加艰巨的任务，它涉及社会、产业等各方面矛盾，我觉得中国城镇化应该走多样性的模式。第二是要学会小步快跑，不要一刀切。第三要在特别的地方，要有特定的考量，要有突破性的提高，城市化才能整体健康发展。

杨宇振：新型城镇化是国家的政策，是"李克强经济学"非常重要的一段构成。我想说的一点是，对于国家政策必须要有批判性。它是解决经济危机非常重要的政策，不但是宏观政策，而且还涉及日常生活和每个人的未来。

贾倍思：这是一个很好的开始，有机会讨论中国城镇化和乡村化问题，还可以从各方面来探讨。我觉得还是要多理解一下中国的历史、文明，以及中国传统的农村，它并不是像我们所说的仅从事农业生产的产业，实际上它是从事很多文明、文化的产业。

陈凌：我们现在已经做了一个城市的模型，容积率是 4，北京估计 25km×25km 就可以容纳下，宁波估计 15km×15km 也差不多。大家可以想想，在这样大小的城市里面生活，会不会方便，会是什么样的？我们相信如果中国未来的发展，如果把每个城市都建设成香港那样，或达到香港一半的密度，或者请香港受过英式教育的城市管理者来管理我们的城市，到那一天，我们就有可能成为世界老大，美国人还开着 SUV 去他的郊区别墅，而我们就住在高密度城市里。

冯健：今天本来非常希望能听听各位谈谈新型城镇化与建筑关系的问题，结果大家谈得都比较宏观，没有太多谈及建筑如何应对新型城镇化的问题。我觉得城镇化是宏观层面的问题，而建筑是微观层面的问题，而二者之间还有一个不可忽视的中观层面，即规划。相比而言，规划师更有与政府不良决策斗争的机会，而建筑师相对比较被动，因为当政府委托建筑师设计一个建筑项目时，这块地早已经定了（城市的空间规划和相应征地过程早就完成了，这些内容才更多地体现城镇化的决策）。对建筑师来讲，他面对的任务是接或不接这个项目，以及如果接手如何把这个建筑设计得更好、更合理。所以，在应对城镇化方面，建筑和规划的关系十分密切，在合理规划的基础上设计合理的建筑才更能促进城镇化的良性发展。尽管如此，我还是希望在座的建筑师、建筑学家能够结合当前中国城镇化的趋势，在失地农民住房的建筑设计方面、在空心村整治规划设计方面以及在农村节能环保建筑设计方面，能够取得突破性进展。

董屹：中国的城市化接下来还是应该与去西方化并行的，或者是中国城市化是和东方化，或者和中国化并行的。我们传统文化复兴和经济发展是并行的，我希望是这么一个状态，那就是完美不过了。

周榕：最后请观众提一个问题。

观众：我是宁波诺丁汉大学大二的学生，想问一个困扰了我很久的问题，欧美的建设发展中，评论家和理论占有很大的分量，而从目前中国的发展来看，理论和评论家的力量都不是很大，而我们的发展又是如此快速，已经走在了理论还有建筑评论家的前面，那么，我们的导向到底在哪儿？

杨宇振：第一，在过去一百年发展过程中，除了某些特殊的案例，基本是全盘西化，我们缺乏自身理论架构。第二，我们这个学科理论基石在哪里，建筑学和城市规划有没有自身的理论？我觉得这个问题还需要再进一步深入讨论。至少很多学者，比如说亨利·列斐伏尔，认为城市规划并不存在自身的理论。

周榕：不好意思，不能再请观众提问了，时间到了。特别高兴能够有这个机会，今天在王澍大师这么精彩的作品里面谈建筑和城镇化的问题。其实，我觉得我们所身处的场所——建筑，也是一个很好的领域。在过去，仅仅可能就 5 年以前，都不能想象中国人会得到普利茨克奖，但这就像梦境一般就发生了。5 年前这个房子已经开始坐落在这里了，但是没有能想到这个事情。同样，中国的城镇化，对全球来说，对整个人类历史来说，也是独一无二、不可复制的一个重大的历史事件，它的价值远远在我们当下任何大胆的估计之上，我们对于中国城市化最狂热的想象，最终可能还是敌不过历史本身的创造。

那么，今天我们很像一群著名的印度盲人围着大象在摸它的腿，摸它的鼻子，摸它的尾巴。我们是离大象最近的这拨人，都是在第一线摸爬滚打一二十年，甚至更长时间，对城市化的温度、能量是有直接感受的，但对于未来而言，我们每个人都只不过是摸到了大象的那一拨盲人而已，这头大象到底是什么样子，没有人能知道。经过今天的讨论，也许大家知道了这只象有耳朵、有尾巴，但是仍然难以拼出它的全貌，所以最后的情况只能由历史来告诉它。我们仍然非常珍惜这一次次去摸大象、去想象大象的机会，我想今天的听众也会从这样一次次的触摸和感受中，得到对于中国未来城镇化道路的些许可能的想象。即使是这样微薄的贡献，我觉得已经足够了。谢谢。

PART

II

实践性探索
——宁波市鄞州区鄞江镇总体设计
竞赛获奖方案选

鄞江赋

　　鄞江镇，晋称句章，唐称光溪，宋称小溪，为四明东部交通之锁钥，入山之咽喉。晋隆安五年置县、唐开元二十六年置州，前后为县治凡五百年，为州城近百载，实为鄞鄮遗城、明州故治。全镇青山屏围，两水中分，溪谷长青，屋宇连甍。唐太和年间筑它山堰决裂江河溪水浸润七乡而脉络一城；宋元丰间建大德桥牵引阡陌，古道贯通奉慈以沟连浙东全境。地产光溪名石，甬地楼宇桥梁多赖此作材；年有庙会三度，鄞西民间报赛尤以之为盛。镇以堰而声闻中国，以石而誉称浙东，以会而名重西鄞，以桥而立名当地。乃今历时千六百年，犹以新貌特立四明东麓，尚存旧迹追述岁月沧桑。八百里四明地为镇数十，而以历史之显要、影响之隆远、人文之绵久，当推鄞江为首镇无愧。

风情古镇　山水小城

　　鄞江镇地处宁波市鄞州区西南，位于四明山东麓，素有"四明首镇"之称。全镇共有行政区域面积63.9km²，下辖12个行政村、1个居委会，共有本地户籍人口约2.4万人，流动人口1万余人。全镇地形南北长10km，东西宽5km，东与洞桥镇、古林镇相连，西与章水镇、龙观乡为邻，南连奉化江口、萧王庙，北依横街镇，距宁波市中心25km，距鄞州中心区约22 km，毗邻宁波栎社机场及杭甬高速出口，是理想的发展商贸旅游和人文居住的场所。

1. 历史悠久，古迹众多

　　鄞江自东晋隆安四年（即公元401年）起，设县治于小溪镇（今鄞江镇），唐中期为句章、鄮县县城，明州州治曾设此地，是宁波府的前身和发祥地，前后已有580余年县治、州治的历史，被誉为"宁波之根"，为区级历史文化名镇。始建于公元833年的中国四大古水利工程之一的它（tuó）山堰为全国重点文物保护单位，仍在发挥阻咸蓄淡的作用。建城区内的它山岛上完整地保存着它山庙、光溪桥、朗官第、养正堂、上如松等众多历史古迹。盛产于此的"梅园石"和"小溪石"成就了鄞江灿烂的石文化，国宝级的日本奈良东大寺石狮子、天童寺石碑均有鄞江石文化的痕迹。目前，它山石雕艺术博物馆已对外开馆，曾为浙东第一座木结构风雨廊桥的鄞江桥也已落成通桥。

2. 生态优美, 环境宜人

鄞江镇共有山林面积 5.59 万亩, 森林覆盖率达到 61.6%, PM2.5（细颗粒物）值为全市最低地区之一, 负氧离子不低于 1200 个 /cm³, 达到国际 4 ~ 5 级标准；建城区内河网密布, 南塘河（汇入月湖）、鄞江（汇入奉化江）、小溪江（汇入姚江）清澈见底, 澄浪潭泉水常年恒温, 为国家一级饮用水源保护地, 卖柴岙库区狭长, 环境秀美, 恰似长江小三峡。周边群山环抱, 低丘缓坡众多。形成一幅烟波浩渺、浓淡相宜的水墨画。山间、田头、溪边散落着它山堰、它山庙、上化山、晴江岸古树林、断坑岩等五片区 34 处旅游资源点, 非常合适人类养生居住、度假休闲, 是一片净土。《难忘的战斗》、《闪光的彩球》、《田螺姑娘》、《真命小和尚》、《南下》等多部优秀的影视作品均在鄞江镇取景。

3. 名人荟萃, 底蕴深厚

鄞江镇享有"钟灵毓秀之地"的美称, 历代不乏名流、官宦、乡贤。唐礼部尚书兼集贤院学士贺知章, 唐鄮县令筑它山堰的王元暐, 唐兵部尚书钟渭, 宋太师鲁国公丞相魏杞, 著《四明它山水利备览》的魏岘, 以及清初大文豪全祖望等, 他们或为官一任、造福一方, 或术有专攻、学有所成, 为鄞江后世留下了宝贵的文化遗产。传统的"三月三"、"六月六"和"十月十"的它山庙会为浙东地区规模最为盛大的庙会之一, 商贾云集, 市埠繁荣, 至今已延续千余年, 已列为省级非遗名录。

近几年鄞江镇以"全国重点镇"、"省级历史文化名镇"、"省级特色小镇"、"国家攀岩运动基地"四大平台创建为抓手, 依托优质的山水环境、文化优势, 努力打造"风情古镇, 山水小城"。

方案 **1**

宁波市鄞州区鄞江
镇总体设计

鲍姆斯拉格——埃贝尔建筑师事务所

前言

鄞江镇位于长江三角洲南翼，隶属于中国东南沿海重要的港口城市、浙江第二大城市——宁波市鄞州区。

宁波市位于浙江省东部，长江三角洲南翼，北临杭州湾，西接绍兴，南靠台州，东北与舟山隔海相望。

鄞江镇交通区位良好，距宁波市区、鄞州中心区分别为 24km 和 22km。

鄞江镇便利的交通区位为其今后的发展提供了良好的机遇，可与宁波市区形成生活、经济的联动体。

区位优势同时也蕴含等量的发展风险。由于地处经济和城市化相对发达的浙江地区，随着经济和城市化的高速发展，环境压力日益加剧，传统城市形态逐步丧失，可持续长效发展面临严峻的压力，如何兼顾社会、经济、环境的综合可持续发展将成为首要讨论和亟待解决的问题。因而，如何协调鄞江镇发展的机遇与挑战将是本规划的主要着眼点。

鄞江镇中心镇区规划及设计说明

1. 研究范围

鄞江镇中心镇区。

2. 城市设计范围

西起晴江岸栲树林，东至环镇东路，北起明州大道，南至庙前山，鄞江路，占地面积约214hm²。

3. 区域概况

鄞江镇位于宁波市鄞州区西南部平原与山区交界处，距宁波市区、鄞州中心镇区分别为24km和22km。鄞江镇东与古林镇、洞桥镇相接，西临章水镇与龙观乡，北临横街镇，南与奉化市交界。鄞江镇下辖12个行政村、1个居民会（鄞江居民会）、1个渔业社。镇域土地总面积为67km²，2004年末耕地面积为19909亩（1平方公里=1500亩），林地面积为59274亩，森林覆盖率达60%，其中山区森林覆盖率达90%。全镇地貌总体上可谓"七山一水二分田"。中心镇区包含光溪村、它山堰村、鄞东村、悬慈村、晴江村等六个村落。

4. 水文

鄞江镇地貌为山前平原区，处于冲洪积平原和海积平原的交界。发源于四明山的樟溪河，流至镇西侧呈"Y"形，分为鄞江（也称下江）和樟溪河（也称上河）两条，是鄞江镇主要的生活用水水源。

流经中心镇区的河流主要是：

光溪河——发源于秀美的四明山，东接鄞江镇，西连皎口水库，流经南塘河注入宁波日、月两湖。

鄞江——始于它山堰，流经鲍家墈等地汇入甬江，连接四明山与东海。

小溪江——光溪河水流过光溪桥转入小溪江，便于鄞西梅园、唇蛟、凤岙、岐阳等地的淡水供应。

南塘河——始于鄞江镇光溪桥，18世纪成为沟通京杭大运河水上交通要津，滋养鄞西七乡和宁波市区。

5. 地貌

鄞江镇位于浙东沿海中生代火山岩带北段，界于北东向丽水—余姚深断裂和温州—镇海大断裂之间，南距鹤溪—奉化北东向大断裂约十余公里。附近山区主要为出露下白垩统方岩组地层，主要岩性为砾岩、砂砾岩，岩石呈灰紫色~紫红色，砾石成分复杂（主要为熔结凝灰岩类），大小0.5~5cm为主，少量10~20cm，泥质和凝灰质胶结合。

鄞江镇石矿资源丰富，主要分布在梅园、大桥、光溪、沿山等东北部山区，全

1　茶园
2　它山庙
3　光溪
4　冷水庵

　　　　　　渐进与变革

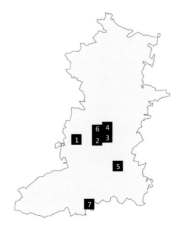

5　　鲍家墈

6　　它山堰

7　　卖柴岙水库

镇有采石企业 20 多家。

中心镇区山体完好，只在光溪村西北方向有一个采石区域，采石面积较大，需要进行生态修复以及景观再造。

6. 气候

鄞江镇属亚热带季风性湿润气候，温暖湿润，雨量充沛，四季分明、气温适中，年均温度 16℃。全年主导风向夏秋为东南风，冬季盛行西北风。

7. 现状交通

公路干线是鄞江镇目前与周边城市、乡镇进行联系的唯一方式。主要公路现状为东西向的明州大道、南北向的环镇东路。

明州大道是宁波市甬金、甬台温高速公路的连接线，东面一直延伸到鄞江镇区，通过该公路，能从鄞江迅速到达宁波市区以及相邻乡镇。

中心镇区内部主要以南北方向的官池路穿镇而过，连接主要的村镇，现状道路基本不成系统。四明路、官池路为镇区目前等级较高的两条公路，自发模式形成的道路在线性和宽度等级上，都已满足不了镇区进一步发展的基本交通需求，其余道路宽度基本为 3~5m 的小街小巷，数量虽多但断头路较多，极大浪费了城镇土地。

8. 文化踪迹

中心镇区是宁波早期城市起源，晋朝时刘裕成守句章，就在小溪（即今鄞江）筑句章新县城，即今鄞江镇县治之始。小溪作为州、县治的时间长达 500 余年。在此期间，小溪是州、县政治、经济、文化的中心，出现"兵民紧处，户口实繁"、商贾兴盛的繁荣景象。

鄞江中心镇域文化踪迹

名称	类型	说明
它山堰	人文	建于唐太和七年，全长 134m，宽 4.8m，是闻名于世的全国四大古水利建筑之一，国家重点文物保护单位。
它山堰遗德庙	人文	为纪念唐太和年间王元韦建设它山堰所建造。
官池塘	人文	始建于嘉靖三年，与光溪桥为同年连贯性设施。
洪水湾	人文	建于宋宝祐年间，位于它山堰下游，1986 年改建为"洪水湾排洪闸"，现仍存一段旧貌。
郎官第古建筑群	人文	造型古朴，是鄞州区境内保留规模最大最完整的古建筑群。
光溪桥	人文	全长 39.65m，宽 4.5m，是宁波府下最大的单一古拱桥。
鄞江庙会	人文	起源于纪念修筑它山堰的有功之臣王元韦，如"三月三"、"六月六"、"十月十"等，后成为宁波府下第一大庙会。
冷水庵	人文	它山遗德庙的分脉，内有 6m 有余的卧佛，名贵古树黄杨两棵。

它山岛历经千年仍保持古村落的空间格局和历史风貌，重要的历史遗存有它山堰、它山庙、郎官第古建筑群、敦睦堂、养正堂等，深具历史文化名城的潜质。

9. 规划目标

建立宜居、宜业、宜游、宜学、宜心的山水田园聚落。

10. 规划原则

（1）环境上要保护、延续与开发之间的平衡，避免城镇边界的无序蔓延和自然人文现状一味地推倒重来。

（2）产业上要农业、观光与高新技术的统筹融合、循环互利，杜绝简单的分化对立、非此即彼。

（3）功能上要多样混合和综合开发，抛弃传统城市的功能分区和用途单一。

（4）交通上优先行人、自行车与低碳高效的公共交通方式，而不要快速道路所体现的小汽车优先。

（5）结构上倡导街道和街区开放空间的网络化和共享性，而不要道路、住区的等级化和封闭性。

（6）形态上保证开发强度的级差和密度的紧凑，尊重传统街区尺度，避免大尺度的城市型开发。

（7）文化上提倡保护延续地方文化，适度引入现代文明，新旧文化和谐共生，反对假古董以及粗制滥造的商业奇观。

11. 规划策略

（1）公共空间重构策略

采用东西街、环岛带、一环三镇和新区公共空间穿针引线的重构策略，充分梳理原有老城区的肌理，并重新构建一个慢行系统为导向的绿色村镇公共空间。既充分尊重鄞江镇原有的板块格局和城市肌理，又能够提升城市活力，充分利用当地自然和旅游资源，创造宜人的村镇环境。

（2）交通和基础设施升级策略

对原有道路等级进行重新梳理，划归道路等级，使得村镇内以步行系统为优先。引入漫游径的概念。利用延伸的步行系统，把文化体验、田园村庄、休闲购物、禅修养生、美食运动等元素组合融入，形成丰富的空间文化体验。

（3）混合功能设计策略

反对传统的功能分区的规划理念，以混合功能的策略达到村镇的活力和多样性。在中心岛形成丰富而混合的功能形态，形成"麻雀式"的模式，即整合了复杂城市所拥有的功能业态，形成多功能、有机整合的城市界面。而在新区，主要以农业、旅居和养老为主导功能模式，同时植入村镇商业、生态产业、村镇社区服务业的混合功能，从而使得规划后的中心区成为一个功能多元化的有机整体。

（4）村庄规划整治策略

宏观上在空间上设计出长效的可生长和变化的模式，对已有边界通过绿化景观带进行控制，实现村村桃花源。空间设计和管理以及经济运作模式相结合。

具体措施上住宅用地集中，加大中心村建设，加强基础设施如水、电、网，对土地置换和人员调整有长远的规划。

对已有住宅和建筑进行经济性改造，创造村庄公共建筑文化地标如小教堂、庙宇等。通过提高生活质量、优化环境和升级配套服务设施，吸引当地居民，将外出打工居民和高素质人才留在乡村居住和生活。

中国传统注重教育，吸引孩子留在村里受教育，结合农业产业园区成为教育基地。

12. 规划结构
    （1）整体空间结构
    （2）分区

13. 用地规划

14. 交通系统规划
    （1）对外交通
    传统的新城交通系统规划往往以正交网格路网为基础，忽视与山体水系的视觉廊道，阻隔了城市生活与山水资源的对话。
    我们创造出一个"舒适"、"绿色"、"高效"的生态交通体系，避免铺设传统的网格路网，而根据鄞江原有城镇特有的梯度等级结构，设置独特的道路交通组织方式；同时与山体、水系、绿地系统等自然及城市景观结合，以求创造出一种适合鄞江镇的宜人尺度的道路结构。
    ① 区域的外部连接
    在区域层面，鄞江镇通过甬金高速公路、同三高速公路、沪杭甬高速公路、34省道、明州大道等多条高等级区域性公路建立起同长三角城市区域之间的直接联系；同时，其通过甬宁线连接宁波机场，从而建立起鄞江镇与更大区域范围的联系。
    ② 宁波主城的外部连接
    目前鄞江镇与宁波的联系主要通过明州大道，是宁波市甬金、甬台温高速公路的连接线，东面一直延伸到鄞江镇区，通过该公路，从鄞江镇能迅速到达宁波市区以及相邻乡镇。我们规划了一条轨道交通线接驳未来到宁波机场的 2 号线，其与主城的联系将更加快速与便捷。
    （2）内部交通
    以明州大道和环镇东路构成"十"字形道路主骨架，其他道路则结合现状道路以及用地规划基本形成相对自由的道路系统。次干道根据梯度设置，为景观服务性道路，主要承担规划区内部各功能单元之间的交通联系；而支路主要承担功能单元内部的交通，直接服务于地块。老镇区域内同样以"十"字形道路为骨架，承接过境的交通，我们依据原有路网格局在老镇内部开辟出环路以期有效地分流交通。在新镇区域内，以水中西路连接新老镇，同时形成"一横两纵"的主要道路分隔。其余支路根据生态梯度结构进行设置。
    ① 主干路
    主干路一方面为机动车交通联系提供服务，另一方面也是联系城镇对外交通的主要通道，规划期内形成"两横两纵"的主干网络，规划红线宽度为 24～44 m。"两横"指明州大道、四明路；"两纵"指官池路和环镇东路。
    ② 次干路
    兼有交通性和生活性两重功能，承担城镇内部较短距离的交通联系，对道路主要骨架起补充作用，分流主干道的交通，直接服务于城镇的各种用地，红线宽度主要为 12～16m。

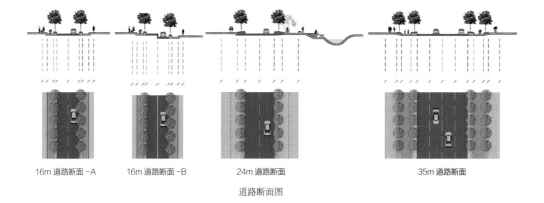

| 16m 道路断面 -A | 16m 道路断面 -B | 24m 道路断面 | 35m 道路断面 |

道路断面图

③ 支路

支路一般为生活性道路，在居住区、商业区、工业区内起着广泛联系的作用，提高交通的可达性、增加道路网密度的作用，红线宽度为 4 ~ 12m。

（3）公共交通系统

大运量、高效率的公共交通是"绿色生态交通规划"中重要的组成部分，是世界各发达国家普遍采用、推荐的交通方式之一。本次规划的公共交通系统概念包括轻轨、大容量巴士等方式。

① BRT

中心镇区公共交通系统中，BRT 作为近期最有可能实现的公共交通方式，在其发展中将起到重要作用。与其他交通方式相比，BRT 系统具有客运能力大、成本低、建设周期短、见效快、速度快、准确性高、灵活性好、安全性高、能耗小等特点。所以，中心区可在环镇东路开辟 BRT 专用道，其两侧为供短途交通服务的地方车道。此道路作为中心镇区与其他村落连接的脊椎之一，增加公交出行方式的吸引力，提升人气及出行便捷程度。

② 轨道交通

随着鄞江新镇的进一步发展，宁波轨道交通 2 号线的延伸段建设也势在必行。我们建议，由轨道交通机场线延伸出地面轻轨至鄞江镇，在老镇和新镇分设站点，沿途形成一条以交通为先导的步行尺度的开发区。而在交通换乘点也引入国外先进的 Transit Mall（交通购物中心）的概念，建立混合综合体，从而为整个鄞江新镇注入活力。

③ 巴士交通

巴士交通在鄞江镇域形成环路，连接自然村和中心村、老镇与新镇。沿主要景观干道形成环线，并通过次干道深入到地块内部，连接各功能单元，并增强周边区域的公共交通联系。

④ 公共交通换乘

公共交通换乘同样遵循梯度的原则。在明州大道和环镇东路构成"十"字形道路主骨架上，主要解决大容量对外交通与中心镇区内部交通的换乘问题；在中心镇区入口范围内，主要解决私家车、公交与步行化交通、老镇内部交通的换乘，同时静态停车也都集中在此地段，从而逐步限制进入老城的机动车交通，充分鼓励步行和自行车系统，优化景观环境。

⑤ 静态交通系统规划

中心镇区的静态停车在城区部分主要结合新建广场、商业、公共建筑及交通枢纽等主要交通集散点的地下、地上空间配置停车场（库），设置一些具有高科技水准的机械停车库，减少占用道路停车泊位，提高道路利用率。而在老镇中心部分，结合道路断面进行设置，尽量将停车基本设置在公共空间以外，减少老镇的停车压力，创造人行尺度的街巷空间。

（4）非机动交通系统

充分考虑行人交通的安全性要求，在空间上实施机非隔离，对关键节点如出入口、交叉口等，应严格区分行人和机动车流线，最大程度保障行人的安全，体现以人为本的思想。

①滨水滨河步行道

结合滨水的绿化景观带及生活性道路，将各个公共中心、旅游景点、游船、车站等活动场所连接起来，组成地区步行网络骨架，为步行者创造舒适的空间。

②多重路径体验

多条认知路径，建立起一个从老镇街区到新镇再到公共地景区以及生态足迹区和山体公园的"十"字形步行化联系。在滨水区结合水系绿地开放空间及有机环状道路两侧组织步行化交通，在每片绿地开放空间内部自成一体，但又通过道路两侧的步行道串联在一起。

注重"直"与"通"的不同空间关系变化，通过传统的树种景观的变化塑造其不同的性格；而进入公共地景带和温泉区后，则强调"曲"与"透"，通过道路断面和道路线型的变化，逐步限制车行。同时，每条景观路径一侧都毗邻一片水与绿的生态流动区域，景观向水面绿地打开；另一侧则为开发地块。这样，在创造良好道路景观的同时，使得每个开发地块与自然生态流动之间没有道路的阻隔，也使地块获得最大的景观生态性，从而在生态区建立一个良好的生态开发框架。而在人的感知层面，从密集的城镇逐步进入松散的聚落地景，再进入山林公园的逐步深与幽的变化，使得人们在每一次行进中都体验着一种不期而遇的惊喜。

15. 空间形态规划

（1）开发强度控制

基于总体规划的规划意图，以用地发展目标为依据，遵循土地使用的经济性与合理性，我们建议：

老镇中心区在增加公共空间的基础上剩余部分提高密度，容积率在 2.0 左右；

生态新镇住区、沿江周边与老镇更新地段为中等强度开发区，控制容积率控制在 1.0 ~ 1.5 之间；

在生态足迹区为低强度开发区，容积率控制在 0.1 ~ 1.0 之间；

严格控制山麓娱乐设施用地的开发量，容积率控制在 0.05 以下。

（2）建筑高度控制

中心镇区定位独特，应当在空间形态上与宁波主城周边的几个新城错位发展，形成独具山水识别性的新镇空间。规则建议：

区内高层建筑控制在 30m 之内，以不遮挡山脊线为原则；

老镇外围以及新镇住区的公共服务区为高层适度发展区，建筑高度控制在 24m 以内；

老镇中心严格控制建筑高度，以避免影响传统街区尺度，建筑高度以 10m 以下为主。

（3）开敞空间系统

结合鄞江、小溪江、南塘河、光溪河水系与上化山、虎山、秒千山等山体资源，塑造季节景观和地形起伏的自然休闲开敞空间，为人们提供亲水、放松、野餐、儿童嬉戏的场所，形成老镇中心休闲带、运动公园、滨江公园、极限运动音乐公园、欢乐谷等多个开敞活动空间节点。

观景点充分利用山体和水体资源，提供融合建筑与景观与一体的运动、音乐、郊游、户外活动设施。

结合视线考虑，设置三个主要景观视点：庙前山、上化山、虎山于山尖设置观景台与眺望台，相互眺望以获得山水空间印象。

植被为快速路和轻轨路两侧提供浓密的绿色屏障，建议两侧至少种植宽度为 6m 的水杉林带，并在每隔一定距离间种植香樟林，为从快速路开车经过的旅客提供视线通廊。在山体密植当地高乔木，及时修复被破坏的森林植被，形成山体的绿色屏障。

16. 地景生态系统

（1）水资源管理

中心区基地范围内有许多河道、沟渠、水塘等水体，如何有效整理水文，使之不仅可以适应功能性的蓄水防洪功能，同时还能涵养水土并营造宜居的自然景观。

① 雨水收集系统

大规模开发、硬质地面的增加均会导致地表径流加大，有必要建立雨水收集系统，从而减慢径流速度；雨污分流系统，雨水收集作为重要战略，通过集水、过滤、蓄水系统保证淡水质量。

② 中水与废水循环系统

中水与废水经过处理，用于生态养殖和农田灌溉。

③ 循环系统

通过在鄞江下游回抽水体补充上游补水池，保证景观水体的充沛供水。

④ 防洪排涝补水系统

光溪河、鄞江常年水位由人工控制，保持相对稳定的水位。我们引入"动态人工湿地"的概念，将基地按照丰水期与枯水期的不同水文资源加以利用。

设计重点包括采取高程和适当的坡度、选择耐淹与耐踏的植被以及较符合自然风土的材料，同时符合城市活动与防洪调节两者不同的空间需求。从该地区集水区排水分析，区划适当的范围作为城市防洪调节池，提供更大面积的透水范围，辅助城市既有排水系统。较适合的区位主要布点在新镇北部沿江以及由西面山脉延续下来的生态林带和动态人工湿地。

在全年大部分的枯水期，控制光溪河，鄞江的水位稳定，为中心区提供亲水空间。在少数丰水期间，启用补水区和动态人工湿地的防洪蓄洪功能，涵养水资源，提供更加多样化的湿地滨水活动空间。

（2）水岸控制

中心镇区内的水系基本来自现有河流网络，设计大胆利用现有地形，以创造更长的岸线，增加亲水机会的最大限度。其中，水岸分为软硬质岸线两大类，具体分类如下：

① 直立岸线

特色：人工化处理，在狭窄的水域与连续的临水建筑界面围合的空间里，通过小尺度的低标高水岸步道强调纵向延伸的步行方向，并通过连续的界面形成连续深刻的水岸视觉印象。

分布：它山老镇段。

② 台阶岸线

特色：人工化处理，结合休闲商业用地和大面积滨水空间，创造多层次的水岸空间，形成亲水的城市休闲场所。

分布：老镇商业街段、运动公园。

③ 动态湿地岸线

特点：自然生态化处理，强调岸线断面的弹性，创造一个当地生物的天然湿地栖息地。

分布：生态足迹区的动态人工湿地岸线（绿地率不少于50%）。

④ 自然护堤岸线

特色：自然生态化处理，岸线坡度不小于1∶2，此类水岸含有一个硬质边缘，正对着水体的部分则通过植栽和湿地创造进行处理，从而创造一种多样化生态的环境。

分布：新镇湿地及水系。

（3）绿地系统规划

中心镇区应结合生态梯度结构，结合不同城镇用地性质及水体特性，通过发展层次分明、连贯多元的绿地系统，塑造流动山水地景。绿地景观系统具体应包括社区公园绿地、区域公园绿地、街头绿地、防护绿地、主要景观廊道以及自然山体。

（4）植物配置

建立可识别性高的区域特色树种；多样性植物种类搭配用来提高生态价值；优先选用具备绿荫的本土树种，注重季节性变化与景观效果，在较为敏感的生态区地带及温泉补水区不鼓励种植草坪。

根据植物空间氛围，分为道路绿化、水岸绿化、公园绿化、休闲商业绿化、生态居住绿化、防护绿化等。

17. 旅游系统规划

（1）旅游开发总体构想

城镇即旅游，乡村即景区。

中国的旅游，自从改革开放以来，大致经历了两个阶段，正在走向第三阶段：第一个阶段，资源旅游，将自然资源和历史文化资源圈起来，收门票；第二个阶段，人造旅游，将文化概念放大为文化景区和主题公园，靠房地产获利；第三个阶段，生活旅游，将旅游要素功能设施与城乡建设结合起来，一体化发展。

从资源旅游，到人造旅游，再到生活旅游，是中国旅游回归旅游本质的必然进步。城镇化的本质，就在于赋予城镇社会生命的机能，延续城镇社会生命的记忆，通过赋予和延续，让人与城镇一道永存。

（2）旅游规划与项目

基于现有旅游资源点，建立三大旅游板块：

① 老镇旅游区

依托老镇深厚的人文历史传统，以现代文明为助力，打造一条东西文化商业带，释放滨水空间，环岛公园串联文化、运动、休闲、创意、娱乐等公共空间。

② 新镇旅游区

以现代农业和高端旅居为线索，重点发展农艺观光和生态徒步游，依附湿地生态以及静谧山谷开发小尺度的养老度假旅居空间。

③ 森林公园旅游区

利用周边的吴家岙西山、尚化山、岩山等自然资源条件开发极限运动，建设音乐公园、青少年户外野营基地，通过长期设置和定期举办音乐节，旅游拓展训练营，旅游会员俱乐部等体验自然风光，感受人文精神。

（3）旅游线路规划

历史考察游线、观光购物游线、郊游野营游线、文化体验游线、银发关怀游线、养生禅修游线、农艺体验游线。

18. 开发建设导则

（1）开发建设机制

其开发应遵循强化新城总体规划与城市设计的架构的基本原则，旨在引导落实基于"梯度结构"的空间关系。具体包括以下三个层次的建设控制：第一，用地生态基线控制；第二，土地混合开发；第三，地块生态绩效评估。

① 用地生态基线控制

首先，应当明确用地生态控制基线，严格控制刚性的绿地控制基线，包括公园绿地、防护绿地以及社区组团的街头绿地；严格控制刚性的水体控制基线，包括稳定水位的汤水河、汤泉湖岸线以及动态湿地岸线。严格控制轨道交通控制基线，地面车站和高架车站以及线路轨道外边线各30m内。

② 土地混合开发

新加坡使用的一种弹性的土地使用分区，除高污染产业外，基本上允许各种使用类别的进入。以市场为机制，达到土地利用的最佳化目的。各类产业及城市活动依照其环境影响或者环境绩效来加以分类，可以分为B1（W1）或者B2（W2）两大类白区。这种以环境绩效为基准的分区，可以允许更大的使用弹性，环境科技的革新以及产业优化升级，可以促使并鼓励混合使用的土地使用规划，促成各种工作、生活、学习与娱乐等活动及使用类别的整合。建议鄞江新镇启动区这种强调混合使用，以及工作、居住与娱乐的结合，其周边的预留土地可划设为白区作为将来的弹性发展。

③ 地块生态绩效评估

地块生态绩效评估是基于环境绩效的评价标准，旨在将生态控制落实到地块的一种环境保护措施。该体系来自参考耶鲁大学环境学院所拟定的"土地及自然发展导则"（Land and Natural Development Code）中所定的积分评估系统。具体就汤山新城启动区而言，建议建立这一绩效评估体系，与"生态梯度"的理念相结合。在保证每个梯度内地块的环境绩效评估指标基本一致的前提下，允许各地块的开发基于其分区中的环境绩效规定，并通过开发审议调整其指标，从而为地块市场开发提供了更合理、全面的评估标准。其优点包括高弹性、合理性、透明性以及可衡量性等，兼顾市场机制以及环境优化。

（2）分区开发控制

① 完善发展区

完善发展区指现状已有一定发展规模的地区，要通过环境整治，完善基础设施建设和公共服务设施配套，提升其整体形象，主要包括：鄞江老镇区及周边地区。

②重点发展区

重点发展区是未来鄞江建设用地的主要拓展地区，也是鄞江镇产业发展的重要空间支撑地，主要包括：生态农业开发带、公共地景带、国际教育学园、生态养老街区。

③引导发展区

引导发展区是临近周边城市，生态环境相对比较敏感的地区，其开发建设需要相应的引导控制，主要包括：生态足迹区。

④禁止发展区

禁止发展区是指战略性生态空间地区，生态环境非常敏感，其开发建设行为可能对区域生态安全造成重大影响，主要包括：生态补水区、周边主要山体。

（3）分期开发时序

中心镇区的建设应当秉承政府投入先行，进行景观及生态基础设施建设，培育土地价值，等待机会，引入触媒开发项目，高起点开发。在新镇的拓展层面上，政府统筹规划经营，平衡基础设施投入与土地产出，建议采用政府经营土地、开发商建设具体项目的模式。

中心区的发展有三波动力

第一波动力：

以老镇公共空间改造为先导，提升古镇风貌，改善配套设施。

第二波动力：

大运量快速公共交通（BRT）站点以及轻轨线路的引入，同时带动沿途周边的TOD模式的开发。

第三波动力：

由于前期开发所带来的经济基础和设施基础，以及产业和外来人员的集中，大力推动新镇的拓展和建设。

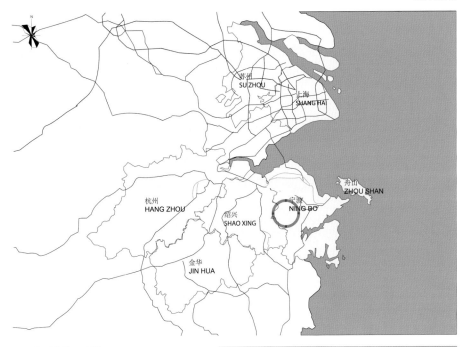

Location Yinjiang Village
鄞江镇区位

　　鄞江镇位于长江三角洲南翼，隶属于中国东南沿海重要的港口城市、浙江第二大城市——宁波市鄞州区。

　　宁波市位于浙江省东部，长江三角洲南翼，北临杭州湾，西接绍兴，南辈台州，东北与舟山隔海相望。

　　鄞江镇交通区位良好，距宁波市区、鄞州中心区分别为 24km 和 22km。

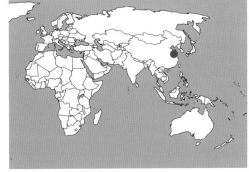

Ecological Location
生态区位

　　鄞江镇位于四明山山区与沿海平原的生态交错带，生态优美，环境宜人。境内河网密布，低山缓坡众多，山林森林覆盖率达到 61.6%，既有鄞江、樟溪河、古树林、南宕北宕等风光秀丽的自然景观，也有农田、乡道、茶园等人工自然景观。由于地处生态敏感区，生物、植被和水体种类丰富，但多样重叠性导致其生态物理特性十分脆弱，生态景观策略如果处理不当会对下游宁波地区的生态和城市发展带来严重的问题。

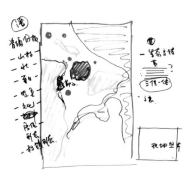

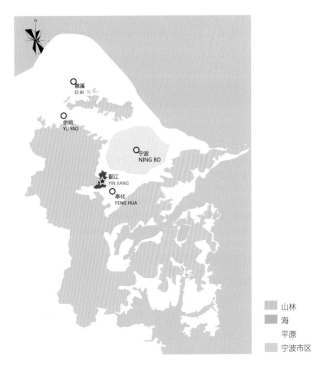

山林
海
平原
宁波市区

S.E.E. VILLAGE

SOCIAL   ECONOMIC

ENVIRONMENTAL

关注乡镇 保护乡镇 优化人居环境

新城乡生活

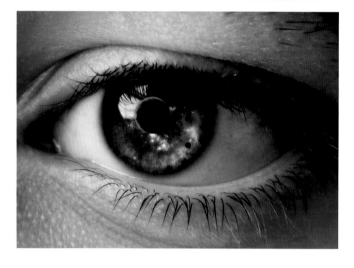

Task
任务解读

现今中国，随着经济和城市化的高速发展，环境压力日益加剧，传统城市形态却逐步丧失，可持续长效发展面临严峻的压力。特别是经济和城市化相对发达的浙江地区，如何兼顾社会，经济，环境的综合性可持续发展将成为首要讨论和急需解决的问题。在此背景下，位于宁波地区的鄞江镇的发展同样面对类似的危机。因此，我们尝试把其资源的基本要素提取和重组，总结和归纳为以下 6 大类别，以此作为我们对鄞江未来综合性可持续发展策略的基本依据元素和基础。同时，也是我们发现问题，提出解决办法和最终设计成果意向展示的重要参照平台体系。

- 现有城市规划原则并不适用于城镇镇域规划
- 如何创造出适合现代乡镇生活的规划设计
- 探索非典型中国当代城镇镇域规划
- 如何发掘提炼传统文化并有效传承
- 如何根据现有资源通过产业转型及空间重塑对乡镇注入生产和生活活力
- 成为探索新型城镇化道路的典范

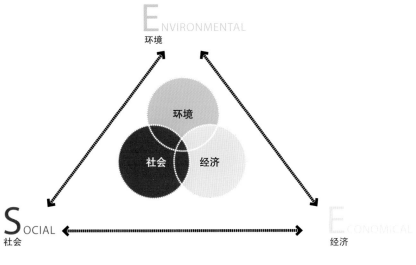

E NVIRONMENTAL
环境

S OCIAL
社会

E CONOMICAL
经济

环境

社会　经济

Theme
设计主题解读一

　　社会 SOCIAL，环境 ENVIROMENTAL，经济 ECONOMIC 是分析乡镇、建设新乡镇生活的基础，可以视为本规划设计的三个基本单元，即三原色。

Theme
设计主题解读二

	作用	表达内容	意向
E 环境 ENVIRONMENTAL	前提	人与自然	天
S 社会 SOCIAL	主体	人与人	人
E 经济 ECONOMICAL	基础	人与土地	地

Theme
设计主题解读三

在不同村镇规划中，对社会、环境、经济三个基本单元进行有针对性的解读，可以提炼出各有特色的元素。在这个层面上，本规划设计探讨了有别于传统城市规划手法的新的乡镇规划方法，以 S.E.E. 的"三原色"的组合，提出了具有可推广性的新乡镇规划体系。以此方法，可以创造出千变万化且个性鲜明的新乡村规划。

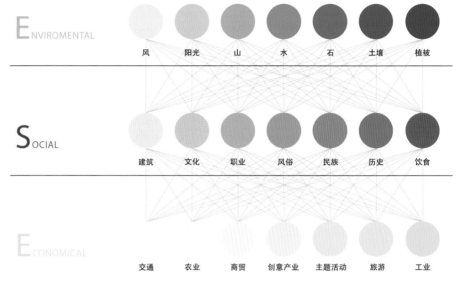

ENVIROMENTAL

风　阳光　山　水　石　土壤　植被

SOCIAL

建筑　文化　职业　风俗　民族　历史　饮食

ECONOMICAL

交通　农业　商贸　创意产业　主题活动　旅游　工业

Theme
设计主题解读四

针对不同村镇资源特点，分析和解读社会、环境、经济三方面的不同要素组合，提出有针对性且特点鲜明的不同的乡镇规划策略，避免千村一面之感。

山+建筑+旅游　　植被+文化+农业　　土壤+文化+商贸　　水+建筑+主题活动

水+历史+旅游　　山+建筑+商贸　　水+建筑+旅游　　阳光+风俗+主题活动

水+建筑+旅游　　石+风俗+旅游　　阳光+职业+创意产业　　水+民族+商贸

Theme Yinjiang Village
鄞江镇设计策略

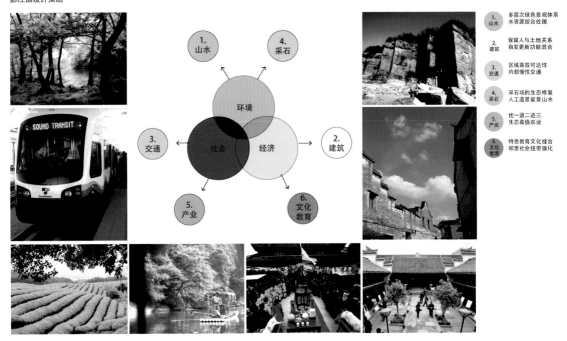

1. 山水　多层次绿色景观体系　水资源综合处理
2. 建筑　保留人与土地关系　自发更新功能混合
3. 交通　区域高效可达性　内部慢性交通
4. 采石　采石场的生态修复　人工造景盆景山水
5. 产业　优一退二进三　生态高值农业
6. 文化教育　特色教育文化缝合　邻里社会纽带强化

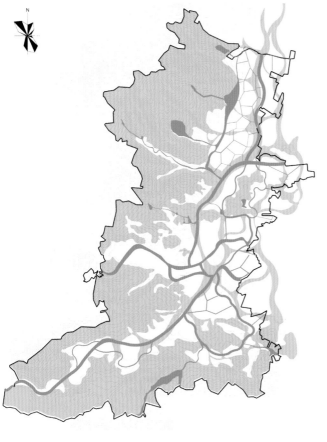

林地

水

1000m　2000m　3000m

Conceptual Strategy 1-Multi-Layer Ecological Infrastructure and Landscape Layout incorperated with Intergraded Water Treatment

概念策略一：多层次生态基础景观格局和水资源综合处理——之策

之策 – 多层次生态基础景观格局和水资源综合处理

在鄞江地区特殊的环境资源格局下，应首先建立长远的、系统的、与大地肌体本质联系紧密的规划态度。这种对山水环境的保护、利用和优化设计，以及逐步衍生的生态基础景观格局对城市选址、生长、城市密度、生产效率和文化传承发扬都将具有决定性的作用。同时也成为快速城市扩张的一种应对。

因此，应加强各种景观资源的联系，限制城镇和村落的过度发展，以此保证生态交错带生物多样性的稳定以及对宁波地区的生态保护屏障作用。而且，还需充分利用现有山水等资源并进行强化和缝合，重视景观标志、视线走廊和基础设施景观化的设计。

其次重点处理水资源的净化和污染防治。如进一步增强供水能力，提高供水质量，改进现有的污水处理的方式和推行垃圾分类处理、密闭转运以及综合处理能力。

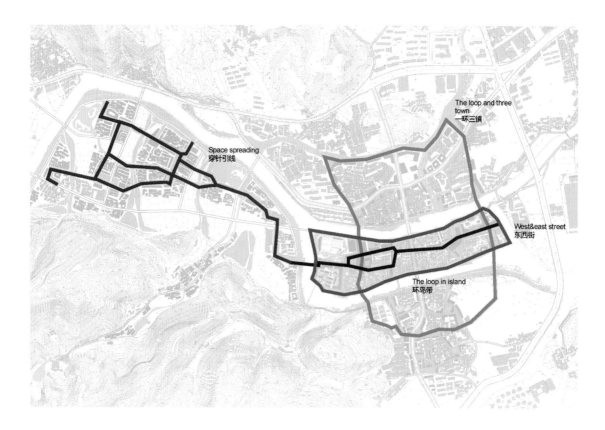

Conceptual Strategy 2-Preservation and Extension of Existing Town Texture, Advanced Architectural Tecnology, and Venue Creation

概念策略二：现有城市形态的保护延续，建筑技术的升级和场所的创造及外部空间塑造——之策

之策 – 现有城市形态的保护延续，建筑技术的升级和场所的创造

现有城市形态的保护

平衡保护、延续与开发之间的关系，集约用地，多极均衡。对于现有鄞江的城镇肌理在城市设计尺度上应实行大规模的保护策略，例如通过地块边界、高度、尺度等因子的控制。不但规模上控制中心城镇和新区的开发强度级差和密度的紧凑性，而且功能上实现多样混合和综合开发。原有自然村落保护其基本形态，设施网络相对独立但整体互补共生，避免其过度沿边缘生长并与富有特色的农林业结合，形成产业和形态上的整合。

新建和现有建筑技术上的提升

对已有的旧住宅和建筑进行经济性和技术性改造，对新建的建筑如公共建筑保证高质量的设计施工以及与周围肌理的融合，创造城市和村庄公共建筑文化地标。通过生活质量的提高，优美的环境和升级的配套服务设施，增加当地居民在鄞江创造财富的积极性，提升外出打工居民的归属感和吸引高素质人才对高品质田园生活模式的向往，最终实现多样化的人群在乡村居住和生活。

新城建设延续老城的肌理

新城建设延续老城的肌理，包括密度、尺度、空间形态等。同时引入借鉴老城多年形态形成的操作模式，即允许新的居民在自己的地块进行自建和改建。试图与老城形成相对统一又多样的城市肌理和密度。

公共空间重构提升空间品质

通过适当拆建部分老旧住宅，建造适宜的公共建筑和精心把控的开放空间设计元素，重新建构，加强老城和新城的公共空间体系。以传统住宅街区，公共建筑、码头、栈道、公园湿地、绿道驿站、有乔木覆盖的开放空间营造充满活力的城市景观，承载多样性的户外生活。

現有主要道路
現有主要道路
現有主要道路
現有主要道路

Conceptual Strategy 3-Found Multiple Public Transportation and Enhance the Accessibility
概念策略三：设置多样的公共交通方式并加强居民的可达性——之策

之策 – 设置多样的公共交通方式并加强居民的可达性

区域间交通策略 – 增加区域性交通连接

区域上加强轻轨和穿梭巴士组成的区域间多层次的公交系统，大大增强鄞江和周边地区特别是宁波市区的连接。有策略性地设置自行车车道的路径连接各重要区域，使之成为休闲、交通的重要因素。

区域内交通策略 – 设置多样化的生态交通体系

为了进一步鼓励交通可持续发展模式的应用，区域内也应该配置完整的自行车车道和人行道，并把它作为城镇发展中交通的首要形式，同时整合强化步行、自行车等道路系统的景观设计和标识性设计，例如专用的自行车道颜色，使交通与公共生活之间紧密结合。在严格限速的前提下，提升社区内部的机动车可达性，但仍然在社区外围保留大部分的交通和停车场所，并应该限制主要街道和公共空间沿线的商业停车场所，地面停车场也应遵循类似的安排。这些措施，将会减少社区的噪声问题，并会显著地改善空气质量。

■ 采石文化公园及博物馆
▨ 水面
▨ 中式山水盆景园林
▨ 极限运动场
▨ 生态度假区
● 徒步步道

Conceptual Strategy 4 - Limited Mining and Creation of Landscape Feature
概念策略四：限制开采和人工造景——之策

之策 – 限制开采和人工造景

对采石和造景相结合的中国传统文化应该传承和发展，在现有矿藏区开采的限制上，连接和升级联系各个矿藏区的景观道路，根据不同矿藏区的地理和现状有侧重点地进行修复和人工造景。总体而言，增加水体系统，植被，绿化等景观元素以营造丰富的人造景观，部分矿藏区改建成运动休闲场地，为附近居民和旅游者提供丰富的休闲多样性。

Conceptual Strategy 5-Optimisation of Agriculture, Reduction of the Second Industry and
Development of the Third Industry
概念策略五：优化农业第一产业＋减少第二产业比重＋大力发展第三产业——之今，之问

一、产业结构调整

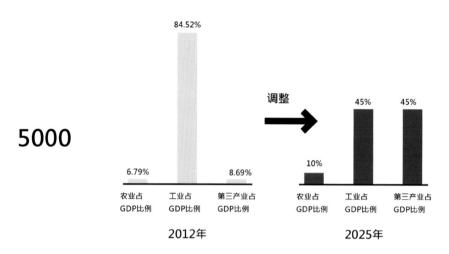

84.52%

5000

调整

45% 45%

6.79% 8.69%

10%

| 农业占 | 工业占 | 第三产业占 |
| GDP比例 | GDP比例 | GDP比例 |

| 农业占 | 工业占 | 第三产业占 |
| GDP比例 | GDP比例 | GDP比例 |

2012年   2025年

在三个产业大关系的尺度上，优化农业，减少工业，大力发展第三产业。其中需要指出的是现代农业并不像传统农业是简单的第一产业，而是一二三产业的结合体，要实现现代农业需要重点发展高附加值农业和第三产业。农业科技的提升和社会及第三产业关系密切，因为农业科技的属性是公共的、基础的、社会的，需要公益、政府和全社会的参与，而流通领域和市场化则是实现其目标的基本条件。

二、人口多元化

三、人口结构调整

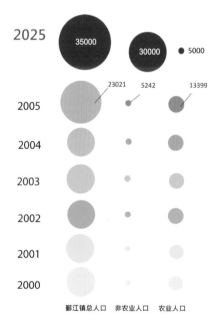

2025

35000   30000   ● 5000

23021 5242   13399

2005

2004

2003

2002

2001

2000

鄞江镇总人口   非农业人口   农业人口

在优化经济结构，提升空间品质的基础上，多元化镇内人口，并且吸引受教育水平和文化程度较高的人群，以带动当地文化振兴和人口资源的升级。

多功能稻田
国际农业生态园
花圃
绿色蔬菜
循环水产品饲养区
生态畜禽饲养区
农业体验园
林下生态农业
果园
茶园

1000m 2000m 3000m

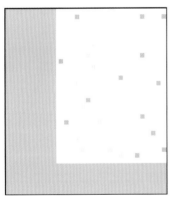

文化教育功能分布现状

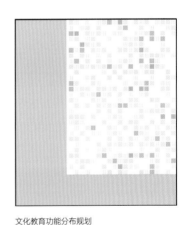

文化教育功能分布规划
- 增加现有文化教育设施
- 增加文化教育功能种类

Conceptual Strategy 6 - Zip the Culture Gap between Tradition and Morden + New Country Lifestyle
概念策略六：传统现代文化缝合 + 新田园生活模式

之策 – 传统现代文化缝合 + 新田园生活模式

　　形态上，通过保护现有的农田、景观绿地和城市肌理等形态，以及增加文化基础设施的建设例如运动馆，博物馆，文化中心，文化广场等，政策上鼓励土地流转和人员的调整置换，以促使新的居住模式成为可能，并传承历史和形成新文化的沉淀。此外，通过产业、文化、服务升级，使中心城镇实现层次跳跃，成为文化，经济，资源的综合信息中心。同时加大中心村建设，加强基础设施如各村镇的快速可达性和煤、电、网等基础建设，以期达到和城镇一致的生活品质。

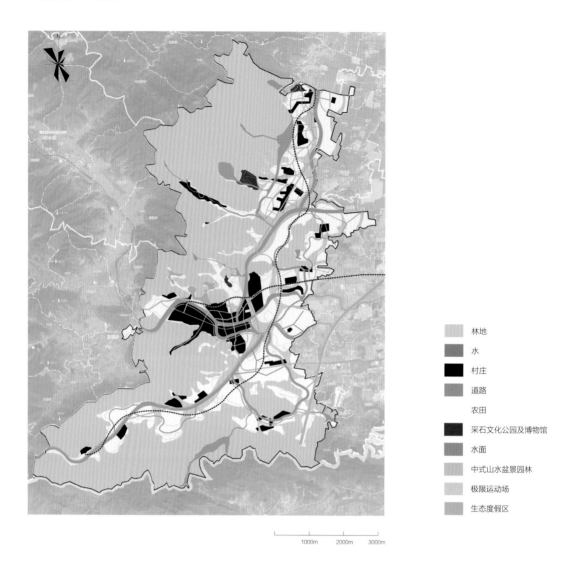

	林地
	水
	村庄
	道路
	农田
	采石文化公园及博物馆
	水面
	中式山水盆景园林
	极限运动场
	生态度假区

1000m 2000m 3000m

Master Plan
规划总平面

1 山水资源景观
　　多层次生态基础景观格局＋水资源综合处理
2 城市肌理和建筑形态
　　现有城市形态的保护延续，建筑技术的升级和场所的创造：
　　A．现有城市形态的保护
　　B．新建和现有建筑技术上的提升
　　C．新城建设延续老城的肌理
　　D．公共空间重构提升空间品质
3 地理交通
　　设置多样的公共交通方式＋加强居民的可达性：
　　A．区域间交通策略 - 增加区域性交通连接
　　B．区域内交通策略 - 设置多样化的生态交通体系
4 矿藏石材文化
　　限制开采＋人工造景
5 经济结构及农业产业
　　优一＋退二＋进三
6 文化教育
　　文化缝合＋新生活模式

TERRAIN LAYOUT
土地使用规划

1 林地

    增加林地面积,以人工林地连接自然山林,形成绿色林地生态网络。

2 水体

    适当增加现有水体的面积,并使其与林地网络配合形成循环水网。除景观因素外,该水体还具有水体净化、农业灌溉等生态和农业上的应用价值。

3 交通

    A. 轨道交通 - 首先东西向增加轨道交通将宁波机场与鄞江镇连接,使鄞江镇和宁波市区形成公共快速交通联动体系。另外,在镇域范围内铺设南北向贯穿轻轨,以快速公共交通活化整个镇区。

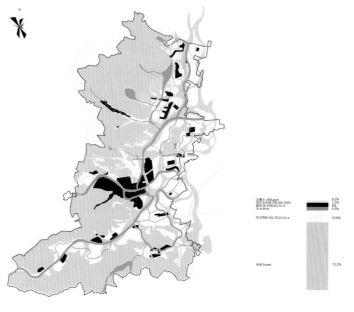

B. 镇区内部穿梭巴士:镇区内部设置若干条穿梭巴士,实现轻轨站与所有自然村的直接联系,使镇内所有村落都具有较高的可达性。

4 公共活动用地

    对现有采石区进行改造,除传统的生态修复手段外,应根据其不同位置置入相应的公共空间功能为整个鄞江镇提供大型公共活动场所。

5 农业用地

    保证基本农田规模不变,引入高效、高值生态农业提高农田效率。

6 建筑用地

    控制现有村镇发展形态,可将距离较近的若干自然村联系起来,形成功能互补的村落群。此外,现镇域内的大型工厂考虑适当迁出,向小规模但具有较高技术含量的高新农业等产业转型。留下的厂房建筑可保留并改造为工业景观形态的公共文化设施。

Space and Envieronment Structure
空间与环境景观结构

    加强各种景观资源的联系,限制城镇和村落的过度发展,以此保证生态交错带生物多样性的稳定以及对宁波地区的生态保护屏障作用。而且,还需充分利用现有山水等资源并进行强化和缝合,重视景观标志、视线走廊和基础设施景观化的设计。

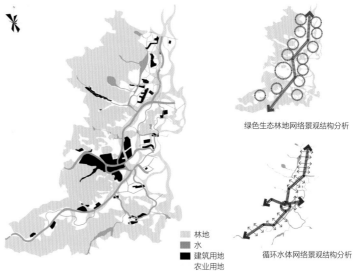

绿色生态林地网络景观结构分析

循环水体网络景观结构分析

林地
水
建筑用地
农业用地

Public Traffic Planning
公共交通规划

　　将宁波市的城市轨道交通系统延伸至鄞江镇，再增加一条鄞江镇镇域内的区域轻轨，使之快速高效覆盖全镇，并可直达宁波市区。

　　此外，在镇中心区、新区、其他村落之间提供覆盖广、可达性强和安全性高的公共穿梭巴士网络。

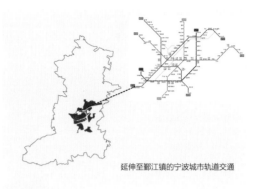

延伸至鄞江镇的宁波城市轨道交通

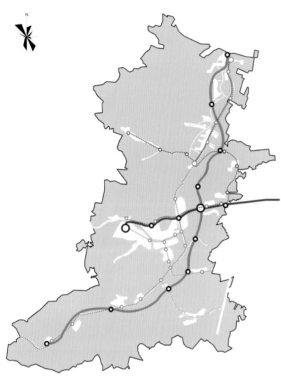

———— 市域轨道交通（通往宁波）

———— 镇区轨道交通

·········· 公交系统

1000M　　2000M　　3000M

Pedestrian network
步行距离分析图

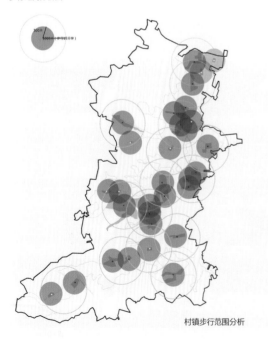

村镇步行范围分析

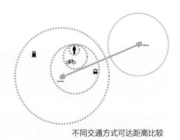

不同交通方式可达距离比较

1000m　　2000m　　3000m

Quarry Restoration Planning Diagram
矿藏区环境修复设计总平面示意图

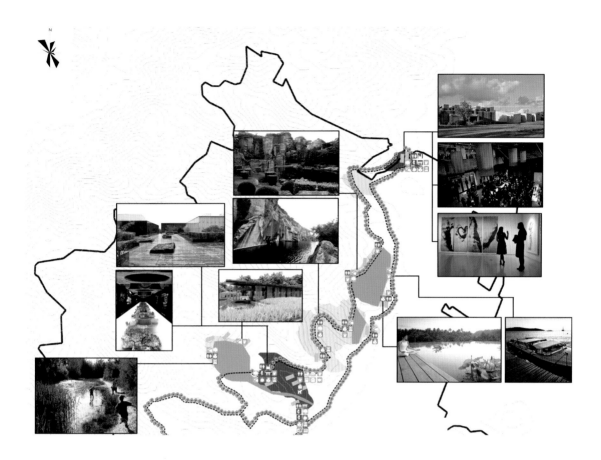

Quarry Restoration Elevation
矿藏区环境修复设计立面

之策 - 限制开采 + 人工造景

　　对采石和造景相结合的中国传统文化应传承和发展，在现有矿藏区开采的限制上，连接和升级联系各个矿藏区的景观道路，根据不同矿藏区的地理和现状有侧重点地进行修复和人工造景。总体而言，增加水体系统，植被，绿化等景观元素以营造丰富的人造景观，部分矿藏区改建成运动休闲场地，为附近居民和旅游者提供丰富的休闲多样性。

Quarry Restoration Section
矿藏区环境修复设计剖面

　　　　渐进与变革

Agriculture Planning
农业产业规划

之策 – 优一 + 退二 + 进三

优一：优化农业生产品种和效率，打造精品农业。大力发展高效多功能农业和扩大农业产业链，例如循环农业、农产品加工、养生和体验式农业。对生态农业方面例如有机和无公害农产品，政府实行鼓励性的补贴政策。对有特色的高附加值农业应着重提取并且申请农业地理标志产品。

退二：减少第二产业的比重，重组转变第二产业的类型。对相关高污染、低效率、分散的第二产业进行压缩，提高高新技术产业的比重。转移大部分工业到临近更适合的地区如洞桥。

进三：有效扩大第一产业的多功能性，以加强与第三产业的结合发展。着重打造休闲旅游，创意，高端房地产和服务业。随着文化缝合、环境、交通和公共空间质量的完善，高素质文化人群居住归宿感日益增强，

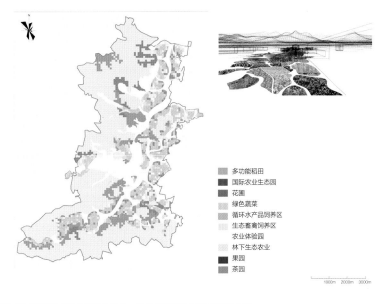

多功能稻田
国际农业生态园
花圃
绿色蔬菜
循环水产品饲养区
生态畜禽饲养区
农业体验园
林下生态农业
果园
茶园

1000m 2000m 3000m

相关第三产业将逐步带动整个鄞江地区的产业发展，第一第二产业生产效率的极大提高又将成为刺激第三产业前进的动力。最终实现产业联动的繁荣景象。

农业景观

将农业作为大地景观的一部分纳入景观规划中。农业作为乡村环境的景观载体之一，将自然美、生态美和人工自然融为一体，以一种景观的形态展现在人们眼前，与自然环境、乡村聚落一道构成一幅生态与人文并聚的立体的田园画卷. 随着城市化的进程，人与自然关系日益恶化的今天，那些自然环境独特、并以优美的田园风光、农作物生产过程作为旅游吸引点，吸引着越来越多的久居城市的人们前往观光游玩。乡村旅游是将现代农业与乡村文化、自然生态环境景观融合在一起的新兴产业，与经济、社会与环境联系紧密。村落旅游隶属于生态旅游的范畴，是生态旅游一种独特的表现形式，它具有生态旅游的特征，同时又有别于一般类型的生态特征，是人类利用自然和改造自然的集中体现，是一个地区文化特色的延续，同时还保留着当地的民族记忆。

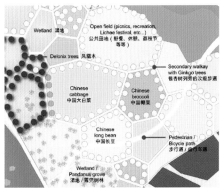

1. Pefspeclive of the crops/fields 农作物 / 田地的效果图
2. Detail planview of the crops with example of cultivated vegetables 种植蔬菜的示例细节平面

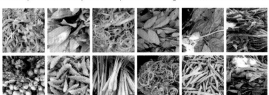

Ecological Agriculture
生态农业设计

规划方案——分区

Key Strategy
核心策略

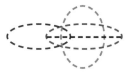 

Strategy1：Public Space Reconstruction
策略一：公共空间重构

Strategy2：Infrastructure Upgrade
策略二：交通和基础设施升级

Strategy3：Hybrid Program
策略三：混合功能

Strategy4：Reconstruction of the village
策略四：村庄整治

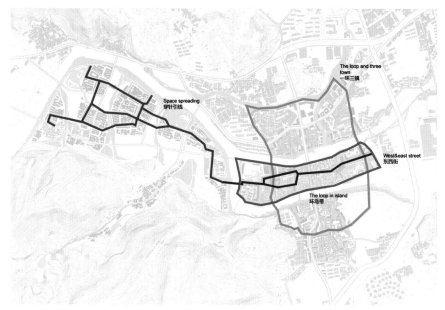

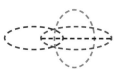

Strategy1：Public Space Reconstruction
策略一：公共空间重构

公共空间重构策略

采用东西街、环岛带、一环三镇和新区公共空间穿针引线的重构策略，充分梳理原有老城区的肌理，并重新构建一个慢行系统为导向的绿色村镇公共空间。既充分尊重鄞江镇原有的板块格局和城市肌理，又能够提升城市活力，充分利用当地自然和旅游资源，创造宜人的村镇环境。

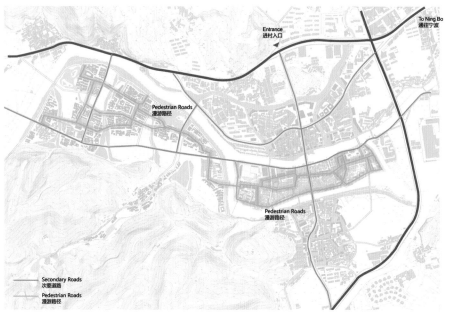

Strategy2：Infrastructure Upgrade
策略二：交通和基础设施升级

交通和基础设施升级策略

对原有道路等级进行重新梳理，规划道路等级，使得村镇内以步行系统为优先。引入漫游径的概念。利用延伸的步行系统，把文化体验、田园村庄、休闲购物、禅修养生、美食运动等元素组合融入，形成丰富的空间文化体验。

Strategy3: Hybrid Program
策略三：混合功能

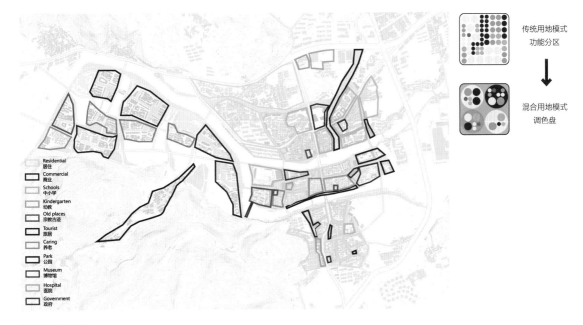

传统用地模式
功能分区

混合用地模式
调色盘

Residential
居住
Commercial
商业
Schools
中小学
Kindergarten
幼教
Old places
宗教古迹
Tourist
旅居
Caring
养老
Park
公园
Museum
博物馆
Hospital
医院
Government
政府

混合功能设计策略

反对传统的功能分区的规划理念，以混合功能的策略达到村镇的活力和多样性。在中心岛形成丰富而混合的功能形态，形成"麻雀式"的模式，即整合了复杂城市所拥有的功能业态，形成多功能、有机整合的城市界面。而在新区，主要以农业、旅居和养老为主导功能模式，同时植入村镇商业、生态产业、村镇社区服务业的混合功能，从而使得规划后的中心区成为一个功能多元化的有机整体。

Strategy4: Reconstruction of the village
策略四：村庄整治

生态酒店

博物馆

商业街及家庭旅社

游客中心及服务设施

村庄规划整治策略

宏观上在空间上设计出长效的、可生长和变化的模式，对已有边界通过绿化景观带进行控制，实现村村桃花源。空间设计和管理以及经济运作模式相结合。

具体措施上住宅用地集中，加大中心村建设，加强基础设施如水、电、网，对土地置换和人员调整有长远的规划。

对已有住宅和建筑进行经济性改造，创造村庄公共建筑文化地标，如小教堂、庙宇等。通过生活质量的提高，优美的环境和升级的配套服务设施吸引当地居民，外出打工居民和高素质人才在乡村居住和生活。

Rendering of Central Town Planning
中心镇区规划效果图

　　　　　　　　　　渐进与变革

Master Plan of Central Town Planning
中心镇区规划总平面

Land Use Balance of Central Town Planning
中心区规划用地平衡图

Land For Public Management And Public Service Facilities
公共管理与公共服务设施用地 5.08%

Land For Commercial Service Facilities
商业服务设施用地 14.12%

Land For Roads And Traffic Facilities
道路与交通设施用地 18.13%

Green
绿地与广场用地 18.27%

Residentail
居住 44.40%

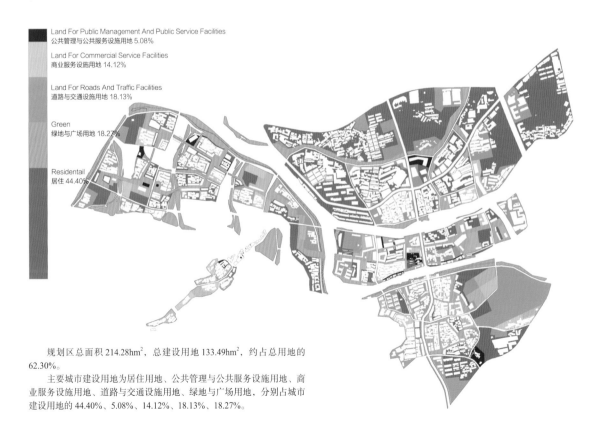

　　规划区总面积 214.28hm²，总建设用地 133.49hm²，约占总用地的 62.30%。

　　主要城市建设用地为居住用地、公共管理与公共服务设施用地、商业服务设施用地、道路与交通设施用地、绿地与广场用地，分别占城市建设用地的 44.40%、5.08%、14.12%、18.13%、18.27%。

渐进与变革

The Overall Tourism Development Conception
旅游开发总体构想

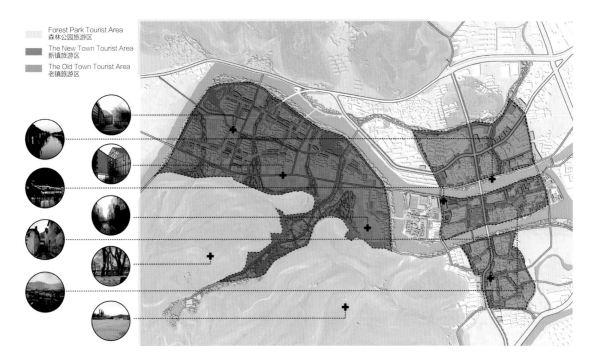

Forest Park Tourist Area
森林公园旅游区

The New Town Tourist Area
新镇旅游区

The Old Town Tourist Area
老镇旅游区

旅游开发总体构想

　　基于现有旅游资源点，建立三大旅游板块：

1. 老镇旅游区

　　依托老镇深厚的人文历史传统，以现代文明为助力，打造一条东西文化商业带，释放滨水空间、环岛公园串联文化、运动、休闲、创意、娱乐等公共空间。

2. 新镇旅游区

　　以现代农业和高端旅居为线索，重点发展农艺观光和生态徒步游，依附湿地生态以及静谧山谷开发小尺度的养老度假旅居空间。

3. 森林公园旅游区

　　利用周边的吴家岙西山、尚化山、岩山等自然资源条件开发极限运动，建设音乐公园，青少年户外野营基地，通过长期设置和定期举办音乐节，旅游拓展训练营，旅游会员俱乐部等体验自然风光，感受人文精神。

旅游线路规划

1. 历史考察游线　　2. 观光购物游线　　3. 郊游野营游线
4. 文化体验游线　　5. 银发关怀游线　　6. 养生禅修游线
7. 农艺体验游线

Travel Planning 1
旅游线路规划 1

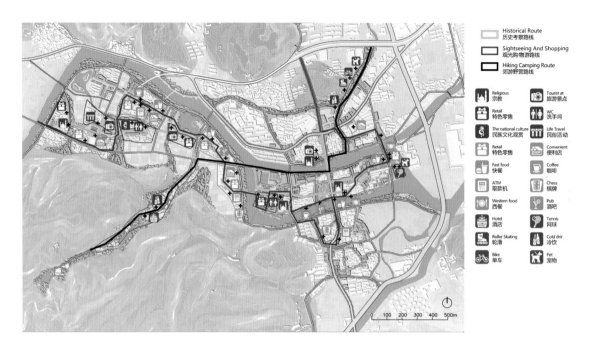

Historical Route
历史考察路线

Sightseeing And Shopping
观光购物游游路线

Hiking Camping Route
郊游野营路线

Religious 宗教		Tourist at 旅游景点	
Retail 特色零售		WC 洗手间	
The national culture 民族文化观赏		Life Travel 民俗活动	
Retail 特色零售		Convenient 便利店	
Fast food 快餐		Coffee 咖啡	
ATM 取款机		Chess 棋牌	
Western food 西餐		Pub 酒吧	
Hotel 酒店		Tennis 网球	
Roller Skating 轮滑		Cold drir 冷饮	
Bike 单车		Pet 宠物	

Travel Planning 2
旅游线路规划 2

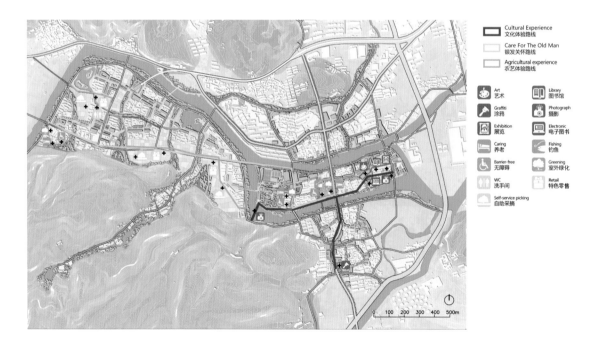

Cultural Experience
文化体验路线

Care For The Old Man
银发关怀路线

Agricultural experience
农艺体验路线

Art 艺术		Library 图书馆	
Graffiti 涂鸦		Photograph 摄影	
Exhibition 展览		Electronic 电子图书	
Caring 养老		Fishing 钓鱼	
Barrier-free 无障碍		Greening 室外绿化	
WC 洗手间		Retail 特色零售	
Self-service picking 自助采摘			

Section of The Town
老镇 \ 核心岛剖面

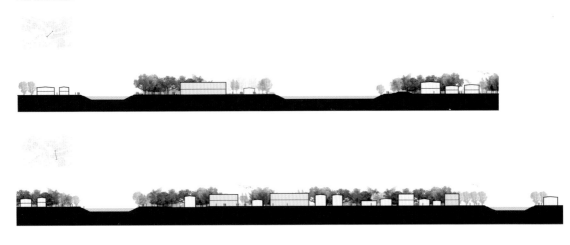

Section of The Newtown
新区规划剖面

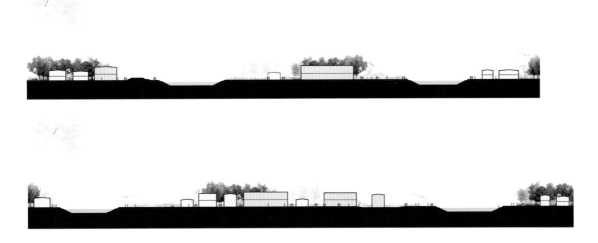

Section of The Village
典型村落剖面

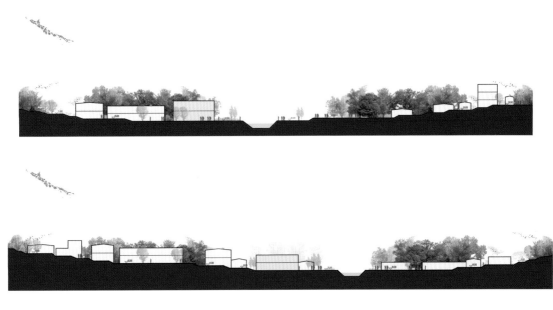

方案

2

宁波市鄞州区鄞江镇总体设计·山水田园中的慢生活

东南大学城市规划设计研究院

《宁波市鄞江镇总体设计》项目设计单位：
东南大学城市规划设计研究院
项目主持人：
董卫教授
项目组成员：
汪艳、郑辰帏、许龙、黄慧妍、
郑重、曾宇杰

前言

　　乾隆［鄞县志］："鄞虽僻在东南，而于山见四明之高，于水见江海之大且深，斯亦足以顾盼自雄者也，环县皆山要皆四明之分支，而溪流屈曲，合为鄞江，左合奉化江，右合慈溪江，总名之曰甬江。"

过去——城市之源

凤凰山下的鄞江古镇曾是宁波城市的重要起源地之一。这里地处四明山东麓，古称小溪或光溪，自古为鄞奉姚交通枢纽，是上连四明山、外通三江口的贸易中心，素有"四明首镇"、"四明锁钥"之称。鄞江古城始建于东晋，至隋开皇九年（589年）合并鄞、鄮、句章及余姚四县于此，成为宁波历史上第一座大都市。

现在——山水田园

在古代农耕文化条件下，依山傍水、宜于耕作之处往往是较为理想的生活环境。故鄞江流域自古便出现了许多传统村落，形成了特有的山水田园景观。多样性的山水环境塑造了多样性的乡村生活。随着宁波大都市的发展，鄞江镇成为其山水相间、物产富饶的近郊。深厚的历史文化、得天独厚的自然资源和天然的区位优势，使得鄞江镇成为宁波西南首屈一指的文化经济重镇。

一大山脉：四明山——依四明山北麓之势，得坐山望海、控江扼城之利。

两条青江：鄞江＋南塘河——在群峰环绕、两江交汇之处的小盆地成就了古代鄞江县城的地利优势。位于古镇中心的它山堰形成于唐代，是古代甬江支流鄞江上的御咸蓄淡引水灌溉枢纽工程。它与郑国渠、灵渠、都江堰合称为中国古代四大水利工程，是全国重点文物保护单位。今天，鄞江仍然是宁波的活水源泉，是城市重要的水源地。

一个古镇：鄞江镇——以它山岛及凤凰山为宁波大都市的起源地，周边还有一组丘陵呈围合状，保证了古城的安全。两江、环岛与山丘构成了鄞江古城的用地"三要素"，而水网、农田与四明山则是古城的环境"三要素"。

多组丘陵：在四明山与奉化江之间自南向北散布着一系列高高低低的小丘陵，为鄞江镇古代文明的形成与发展提供了得天独厚的地利条件。

密布水网：低地水网是江南农耕文明的基本环境形态。密布的水网将乡村与农田组织成高效的生活——生产单元和交通系统，并形成特有的山水田园景观。

十二村落：大部分村落位于山脚或近山地带，周边有大片农田，四望有丘陵环绕，既得山水之利，又有安全保障。

这些环境与人文要素构成了鄞江镇"地灵人杰"的文化基因，是古镇安全、高效与可持续建设的基本保障。同时，它们也为鄞江镇"近闹市而远尘嚣"的近郊文化景观塑造奠定了物质和文化基础。

未来——美丽近郊

宁波三面环山，一面望海。其西南山水不同于其他方向的山水，是城市的活水源泉与历史之源，集活力山水与生态田园于一体。鄞江镇邻近宁波市区，倚靠郊野山林，坐拥清澈水网，联动周边乡镇，具有得天独厚的区位优势、产业优势及环境优势。未来的鄞江镇应当是宁波大都市西南的历史文化近郊、山水田园近郊、生态休闲近郊、动态野趣近郊和人文生活近郊，是浙东品质最高的自然与文化郊野公园及生态生活中心。

总体设计——树立中国大都市生态近郊的新典范

保留和梳理生态廊道与斑块；配合产业转型逐步转移非生态友好型及非景观友好型的工业企业；组团发展，适度撤并自然村，合理配置公共服务设施；营造新型农业，向生态、健康、高效的生产方式发展。

规划形成"多轴三心多节点"的空间布局形态。

多轴：

以山为脉。依四明山之势，统领鄞江镇生态绿脉。

以水为网。以自然水网为基底，形成网络状的生态景观格局。

以路为线。重建古镇与山水及交通的关联性，连接古道及水陆交通，合理分布公交站点，形成绿色交通系统。

三心：

根据镇区现有资源及区位情况，形成古镇综合服务中心、北面新型农业中心及南面生态文化中心三大体系。

多节点：

根据现状物质空间和非物质文化的多样性，形成各具特色的功能节点。

继承传统建筑思想，发展符合地方文脉的新建筑样式

新建筑原则上不占耕地、少占土地，结合地形地貌组合布局。

从传统木构施工工法中汲取营养，采用打桩—架空工法，使建造过程对环境的影响降至最低，同时又能抵御各种自然灾害。

新建筑组团是为大地上的"浮岛"，将有限的土地解放出来容纳城乡公共生活。

重点地段城市设计：

规划分别选取山林、山坳、山脚、平原、中心镇区、工业遗存、农业等特色地段进行重点设计。

中心镇区：

以保护、重组、更新为原则，通过文脉延续和活力注入振兴老镇。规划形成以中心商业区、传统居住区、教育文化区、庙会集市区、滨水古港区等功能为主的古镇区。

恢复小溪港、改善居住环境、梳理街巷关系、保护工业遗产、增加公共空间，促进山、水、田、城一体化发展。

鄞江古城遗址公园·啤酒厂工业公园——千年之前，鄞江古城发源于两江之间的凤凰山地带。规划将现状百威英博啤酒厂改造为集古城遗址保护、工业生产、科普教育、考古科研、文化展示、休闲娱乐、节庆活动功能为一体的综合并开放的古城遗址公园与工业公园。根据啤酒生产工艺建立附加生产基地，开辟生态养鱼池，实现工业垃圾零排放、资源循环利用。

梅园农业—工业—旅游度假小镇——在采石场上建造生态旅游度假区。沟通水系，拓展农田，修复山体，边开采边治理，将新建酒店、博物馆、工艺品生产地等融于山体之间，同时设置高科技农业试验区，形成工农结合、产学研一体的产业链。

上化山国家攀岩公园——建立立体步行系统，将峭壁攀岩与人工崖壁攀岩相结合，根据多元地貌特征开辟山地自行车、跳伞、游泳及各种极限运动场地，提供多元运动体验，增加参与乐趣。营造一个"流动、共生、多元"的全民性、国际化的国家体育攀岩公园。

晴江岸中草药生态疗养区——结合浙贝之乡的传统技艺与新型高效产业，打造晴江岸中草药生态疗养区。人们信步于晴江古岸，泛舟江流之上，体验农家生活野

趣，还可参与浙贝母及中草药种植，将生态疗养与体验生活相结合。

建岙村风情度假古村——两山坳处，是为建岙。规划结合自然资源、乡土景观和传统建筑风貌，调整农业生产结构，发展集历史文化、农业休闲、生态观光为一体的综合性旅游服务产业。让游客在感受古村风貌的历史文化底蕴的同时，品味古朴的山区农业风貌。

金陆茶·禅文化养生庄园——紧扣"茶、禅"文化，依托清秀禅寺和茶园，践行"茶禅一味"的核心理念，成就"茶禅世界"的品牌文化。以建筑景观、人文活动构建一个视觉、听觉、嗅觉、体验融为一体的四维全景空间。借鉴传统低碳技术，建筑如浮萍漂浮于生态茶园之中，尊重环境且节约造价。

回望历史，鄞江这块神奇的土地创造了代表浙东农业文明的山水田园模式，反观当前，宁波这块开放的热土创造着中国工业文明的崭新模式；放眼未来，依托四明山历史文化的张力和山水田园的活力，鄞江镇也必将再次突显出其应有的城市功能，树立中国大都市生态文化近郊的新典范。

宁波市鄞州区鄞江镇总体设计·山水田园中的慢生活

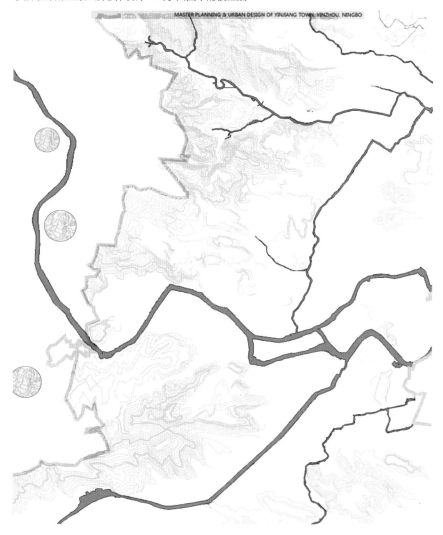

现状资源特色分析

特色农业

    鄞江镇农业经济基础扎实，至 2008 年，已形成了万亩花果山工程，四季花果飘香，柑橘、桃、梨、杨梅、枇杷等水果月月应市。有"清沅"早熟芋艿、"清沅"东魁杨梅、"四明银雾"茶叶、"它山堰"白茶等主要农产品基地，其中"清沅"杨梅、"四明银雾"茶叶为省、市级无公害农产品基地，并在区、市具有较高的知名度。拥有农业休闲园区两个：澄浪潭垂钓中心和金岩寺休闲果园。

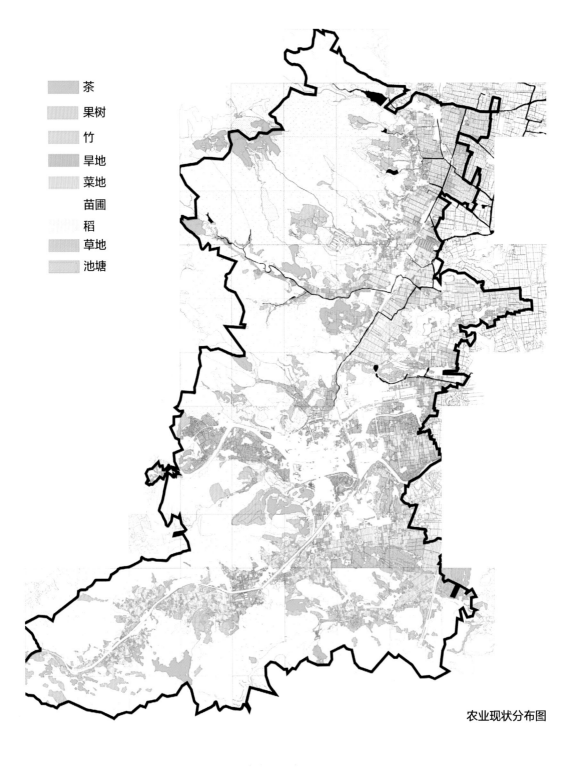

茶
果树
竹
旱地
菜地
苗圃
稻
草地
池塘

农业现状分布图

现状资源特色分析

古道分布

郸江镇已公布的古道有五条，从北向南依次是寻芝岭古道、上化山古道、晴江岸古道、桂花岭古道、清修岭古道。

尚未开发的有岭墩古道、蜈蚣岭古道、北坑岭古道等。

这些古道大多为历史上镇域之间的交通要道，山水环绕，景色宜人。

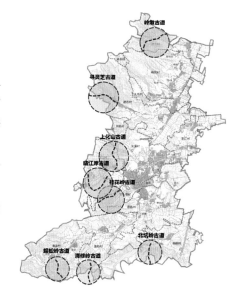

岭脚下亭

寻芝岭古道

岑登庵遗址

茶园

• 寻芝岭古道（交通要道）

"复古晚钟、双岭芝名；锡山斜照、双潭映月；梧山积雪、龙蟠旗峦；芝岭长脉、五龙抢珠。"寻芝岭古道有着"龙脉"之称。

寻芝岭古称"陈朱岭"，距今约 600 年历史，古道全长 2500m，位于革命老区建岙村西面，横跨两镇，东自建岙村上唐，沿阶向上通往章水镇郑家。是四明山区章水镇百姓通往建岙、古林的主要道路。

路面为分阶段鹅卵石铺就，宽约 2m，间有岩石人工凿就阶层，独具特色。岭顶遍植茶树。清乾隆曾建岑登庵，以供路人休憩。

寻芝岭八景：锡峰夕照、龙石洞、复古晚钟、旗峦石湫、狮岑松涛、梧山积雪、双潭印月、象岩仙桥。

现状资源特色分析

• 上化山古道（古代采石路）

位于郸江镇郸江村周家后门上龙潭至南宕洞口，全长 600 余米，是明清两代工匠运石之道路。路面用石片竖立而成，与其他古道风格迥然，具有古代采石道路的独特气质。

其间有上龙潭、积德亭、龙娘庙及鬼斧神工的南宕北宕（上化山石宕/天塌宕）。

山下古村落　采石古道　山顶景色
采石遗址　采石古道　龙娘庙

- 晴江岸古道（交通要道）

晴江岸古道位于风景秀丽的晴江岸西，自西向东循水而入鄞江镇，长约2.5km。该古道原为龙观乡山民通往鄞江镇之主要道路，路面保存较好，多以石子铺就，部分路段由青石板铺设或以鹅卵石铺就。

途中有石桥数座，还有条形巨石悬崖架起，形成天然石桥一座，实属罕见。古道一路风光宜人，沿途茂林修竹，红枫绿树，或青石流水，或枫林幽草，别有一番韵味。

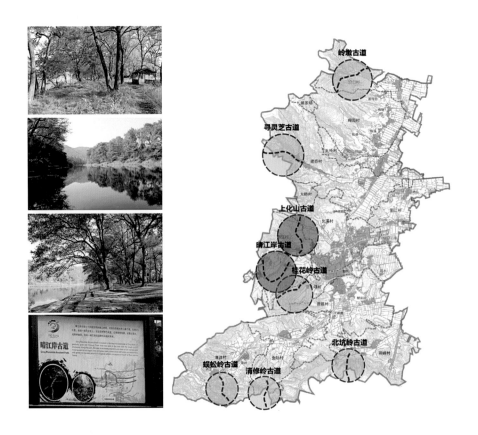

现状资源特色分析

- 桂花岭古道（自然风景）

桂花岭古道位于它山堰西南纱帽山脚下，总长 4.5km。沿途遍植桂花，浓荫蔽日，是鄞江著名的林荫道。路面原以鹅卵石铺就，现已改为青石台阶。

古道途经它山古堰、桂花岭、问水亭，其间有流水岩、石梁、枫树湾等风景点。

- 清修岭古道（交通要道）

位于金陆村前的清修岭，是古代鄞江通往奉化的主要道路之一，现今多已改建为水泥道路，山中部分路段仍为鹅卵石。

古道途经镇蟒塔（土名幢幢岩）、茶山、清修古刹、清修亭及蜈蚣桥等名胜，驻足清修岭，极目远眺，山峦如画，风景宜人。

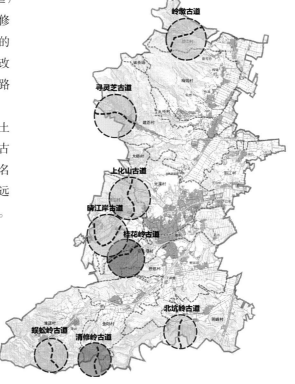

现状资源特色分析

古貌犹存

鄞江镇境内文物古迹众多，其中它山堰为全国重点文物保护单位，省级文物保护单位1处，县（市）区级文物保护单位13处，文物保护点18处。

文物保护单位一览表

序号	名称	公布时间	公布文号	年代	类别	地址	编号
全国重点文物保护单位（1处）							
1	它山堰	1988年1月	国发〔1988〕5号	唐	古建筑	鄞江镇它山堰村	330212—0573
省级文物保护单位（1处）							
1	樟村四明山烈士墓	1963年3月	文管字270号	现代	近现代重要史迹及代表性建筑	鄞江镇樟村	
县（市）区级文物保护单位（13处）							
1	洪水湾古塘遗址	2010年9月	鄞政发[2010]93号	宋淳祐－民国	古遗址	它山堰村	330212—2005
2	马鞍岗古石宕遗址	2010年9月	鄞政发[2010]93号	唐	古遗址	它山堰村马鞍岗山半山腰	330212—0393
3	回沙闸古遗址	2010年9月	鄞政发[2010]93号	宋	古建筑	它山堰村	330212—1557
4	养正堂	2010年9月	鄞政发[2010]93号	清代	古建筑	它山堰村养正路	330212—0023
5	天塌岩古遗址	2010年9月	鄞政发[2010]93号	明代	古遗址	光溪村毛家自然村	330212—0364
6	光溪桥	2010年9月	鄞政发[2010]93号	明嘉靖三年	古建筑	光溪村光溪自然村	330212—2040
7	毛家宕毛坯石雕	2010年9月	鄞政发[2010]93号	宋代	石窟寺及石刻	光溪村毛家自然村	330212—2013
8	上化山古石宕遗址	2010年9月	鄞政发[2010]93号	元朝大德元年	古遗址	鄞江村周家自然村	330212—0391
9	上化山石宕古道遗址	2010年9月	鄞政发[2010]93号	清	古遗址	鄞江村周家自然村	330212—0392
10	华兴宕	2010年9月	鄞政发[2010]93号	民国	近现代重要史迹及代表性建筑	梅园村华兴宕自然村	330211—0659
11	槵植祖庙	2010年9月	鄞政发[2010]93号	清	古建筑	梅园村梅锡自然村	330212—0334
12	永峰亭	2010年9月	鄞政发[2010]93号	民国	近现代重要史迹及代表性建筑	芸峰村水库脚自然村	330212—0350
13	陈晓云烈士墓	2010年9月	鄞政发[2010]93号	民国	近现代重要史迹及代表性建筑	沿山村边家自然村西面	330212—0335

编号	名称	年代	类别	所在地	编号
文物保护点（18处）					
1	狮子山古墓群	晋	古墓葬	悬慈村鲍家墈自然村	330212—0177
2	悬慈桥	民国五年	近现代重要史迹及代表性建筑	悬慈村	330212—0660
3	陈家山古窑址	汉－清			悬慈村
4	高尚宅古遗址	唐	古遗址	悬慈村	330212—0178
5	郎官第古建筑群	清－民国	古建筑	悬慈村鲍家墈自然村	330212—0576
6	上如松古建筑群	清－民国	古建筑	它山堰村	330212—0024
7	四明公所（会馆）	民国	近现代重要史迹及代表性建筑	它山堰村夏朱家自然村	330212—0398
8	鄞江古城遗址	晋－唐	古遗址	它山堰村鄞东自然村	330212—2004
9	徐桂林墓前石牌坊	清道光十三年	古建筑	大桥村大桥自然村	330212—0201
10	六贵桥	清	古建筑	大桥村	330212—0198
11	梅园大桥	清	古建筑	大桥村	330212—2293
12	梅园山庄1号墓	待考	古墓葬	大桥村	330212—0199
13	梅园山庄2号墓	待考	古墓葬	大桥村	330212—0200
14	童家嫁妆井	清	古建筑	大桥村柴家自然村	330212—0197
15	三青团鄞县区队旧址	民国	近现代重要史迹及代表性建筑	梅园村华兴宕自然村	330212—2031
16	大野树山墓道石刻	明代	石窟寺及石刻	建岙村	330212—2298
17	蜈蚣桥	清	古建筑	金陆村金陆自然村	330212—2289
18	象鼻山高氏墓前牌坊	明成化二十六年	古建筑	沿山村	330212—2391
其他					
1	禅岩吴氏宗祠	清代	古建筑	清源村禅岩自然村	330212—2288
2	鲍家墈柏房民居	清代	古建筑	悬慈村鲍家墈自然村	330212—0176
3	鲍家墈智房民居	清末	古建筑	悬慈村鲍家墈自然村	330212—0217
4	它山庙	清代	古建筑	它山堰村它山堰自然村	330212—0574

四明首镇

历史沿革

——始兴：

东晋隆安五年（公元 401 年），刘裕（后为南朝宋武帝）决定迁移句章县城，着令风水道士择选地址。数月后，句章县境内，按四明山峰脉走势，以龙鹳（今龙观乡）为脉络，依狮凤为屏障（鄞江桥东面的狮子山和凤凰山），采龟蛇为灵气（光溪村的乌龟山和悬慈村的蛇山，龟证长寿，蛇呈龙象），点官池为晶珠。分两溪为经纬，濒鸟山（即凤凰山）为伴，鄞江之滨，与响岩隔江相望的风水宝地，建造新县城，即今鄞江镇为县治之始，其地在它山堰村古城畈一带。古称小溪镇。

——鼎盛：

隋开皇九年（公元 589 年），合鄞县、鄮县、余姚三县为句章，县治沿袭仍设在小溪镇，因它山得名，又称它山镇。这是宁波历史上建州之始。625 年改称鄮县，属越州。

开元二十六年（公元 738 年），设明州（即今宁波市），辖鄮、慈溪、奉化、翁山 4 县，明州州治，鄮县县治仍为小溪，小溪镇时为州属大镇。

唐大历六年（公元 771 年），鄮县县治移至宁波三江口，而州治未迁，仍在小溪镇。

唐长庆元年（公元 821 年），鄮县与明州对换治所，鄮县还治小溪（鄞江镇），而州治迁入宁波三江口，此后小溪镇改称光溪镇。

——蛰伏：

五代初期（公元 909 年），县治也迁至三江口。

清时改鄞江镇为通远乡。

清宣统三年（公元 1911 年），改名鄞江镇。

小溪镇在历史上作为县治，州治时间长达 600 余年，作为浙东地区的重镇，对沟通山区和平原的物资交流，繁荣浙东经济，发挥着重要的集散作用，庙会也由此形成。故鄞江镇有小溪鄞江桥的称谓。但由于历史的沿革与变迁，东晋隆安年间鄞江镇的句章县城，现在已经很难找到其原来的旧址，可能由于水灾和其他原因，只留下一个耐人寻味的名称——古城畈，现百威英博啤酒厂附近。

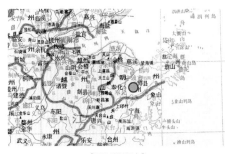

《元和郡县图志》

[乾隆]《鄞县志》钱维乔修 县境图

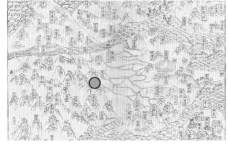

《宝庆四明志府境图》

《道光宁波府志》

鄞江镇城址变迁推测

东晋末年：

以龙鹳为脉络，依狮凤为屏障（鄞江桥东面的狮子山和凤凰山），采龟蛇为灵气（光溪村的乌龟山和悬慈村的蛇山，龟证长寿，蛇呈龙象），点官池为晶珠。分两溪为经纬，濒鸟山（即凤凰山）为伴，鄞江之滨，与响岩隔江相望。

唐初：

东接马湖，包括社田里、孙家、后河弄。

南接北坑岭和奉化相邻，包括木坑、梁家集一带。

西至金陆田厂，前后朱家和龙鹳隔山相望，包括王家潭，应家，蛇山里等。

北面接连大德会前的大德桥，即现已拆除的鄞江桥前身，其原址在鄞江南大桥桥址。

唐中叶：

明州府逐渐由悬慈迁移到现在的光溪村（土名大石板墩）、柿子树下、石佛亭、金家车头一带；其姓氏大族为干姓和白姓。郧县县治衙门大约设在古小溪桥（土名后甩龙桥，现址四明东路汽车桥址）以东 130 余步，衙门朝南，街宽丈余，长止十数丈，街至尽头往西为大兴巷，是市集的主要交易场所。往东二箭之地即为校场，时称马家营，驻扎浙东路光溪镇千余军马，现工农桥、老车站、镀厂、庙基弄、小六谷坟地附近。

唐之后：

因为天灾人祸等诸多原因，鄞江镇的街市、村集又逐渐南移。至明朝中叶，基本上形成了以水中村为轴心的市集街景，光溪街及悬慈街为两翼的对称形集镇，直至现在的街市格局。

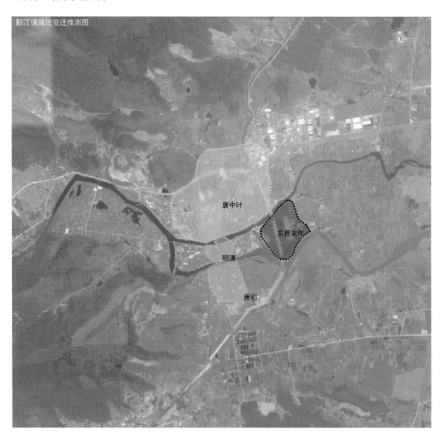

历史照片

1870 年的官池墩

鄞江下江宕采石场

它山庙

上化山采石场旧址

上化山采石场

20 世纪 80 年代鄞江庙会

官池墩旧址

鄞江桥旧址

它山庙

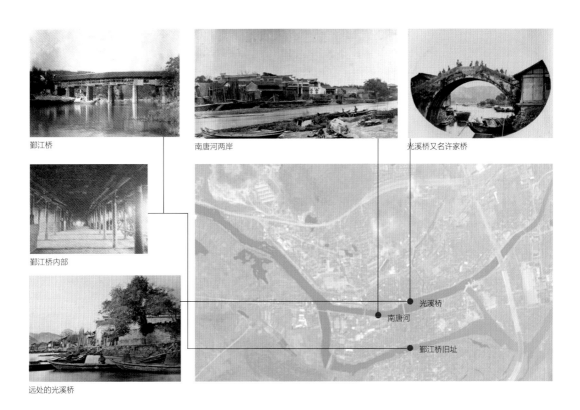

鄞江桥

南唐河两岸

光溪桥又名许家桥

鄞江桥内部

远处的光溪桥

光溪桥

南唐河

鄞江桥旧址

山水田园（现在）

　　隋设县前后，在鄞江流域一带出现了许多村落，形成依山临水的村落群。隋唐时期鄞江古城作为县治所在持续了约 200 年历史，至唐长庆元年（821 年）治所迁至三江口后，这里才逐渐消沉下来。

　　随着时间的推移，鄞江镇及其周边地区形成山水相间、物产富饶的城市近郊，多样性的山水环境塑造了多样性的乡村生活。由于早期古城历史、得天独厚的自然资源和天然的区位优势，鄞江镇一直是宁波西南首屈一指的文化经济重镇。

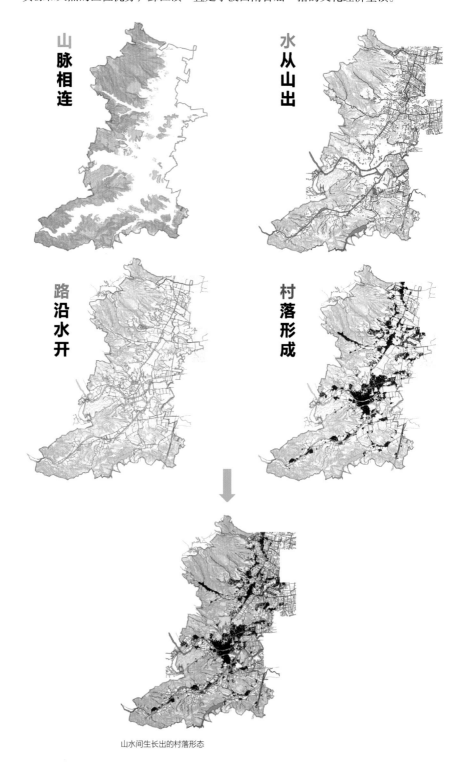

山水间生长出的村落形态

一山：四明山

依四明山北麓之势，得坐山望海、控江扼城之利。四明山乃宁波大都市区的发源地，远古的宁波人即从深山走出，在环绕三江平原的山脚地带建设了一个个古代聚邑（河姆渡、鄞、鄮、句章……），待实力增长到一定程度之后，才决然离开大山，营造真正的水上城市。这个过程大约经历了1300年。

二江：鄞江 + 南塘河

在群峰环绕、两江交汇之处的小盆地成就了古代鄞江县城的地利优势。即使唐代将州治迁往三江平原以后，还是在这里保留了县治以便控制城市水源。今天，鄞江仍然是宁波的活水源泉，是城市未来的依靠。

丘陵：

在四明山与奉化江之间自南向北散布着一系列高高低低的小丘陵。

水网 + 水田：

江南农耕文明的基本形态。密布的水网将乡村与农田组织成高效的生活—生产单元和交通系统，并形成特有的山水田园景观。

一镇：鄞江镇

以它山岛及凤凰山为鄞江镇/宁波大都市的起源地，周边还有一组丘陵呈围合状，保证了古城的安全。

两江、环岛与山丘构成了鄞江古城的用地"三要素"，而水网、农田与四明山则是古城的环境"三要素"。这六种天然之利汇聚一处，就形成了鄞江古城独一无二的空间特征，也昭示出古代社会城乡一体的生活模式。

十二村：沿江村、梅园村、建岙村、大桥村、光溪村、东兴村、它山堰村、悬慈村、蓉峰村、清源村、鄞江村、金陆村

大部分村落位于山脚或近山地带，周边有大片农田，四望有丘陵环绕，既得山水之利，也宜于规避各种天灾人祸，在基于小农经济的传统社会，这是安全度最高的生存环境。

安全、高效与可持续，是鄞江古城的建设原则。

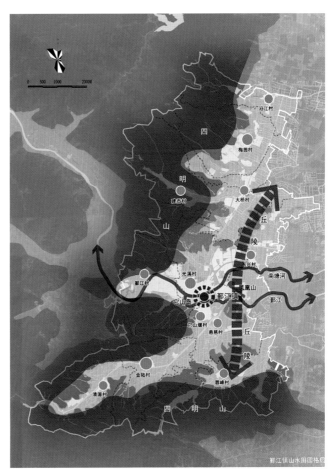

鄞江镇山水田园格局

新型城镇化条件下的城乡一体化

继承古代城乡一体的生活传统以及融入自然的造城思想，塑造新城乡一体化的近郊综合功能—生态景观大格局。

近郊是城市生活延续的空间范畴，近郊具有既不同于乡村，也不同于城市的生活样态。

塑造"城市型大山水生活"及其功能——景观系统就是近郊发展的基本目标：

历史文化近郊：旧城新生、古今交融的近郊历史文化体验。

山水田园近郊：大山大水，真山真水的近郊自然体验。

生态休闲近郊：绿色农业、低碳生态的近郊休闲体验。

动态野趣近郊：原生野味、流动共生的近郊动态体验。

人文生活近郊：民风淳朴、古韵醇厚的近郊人文生活体验。

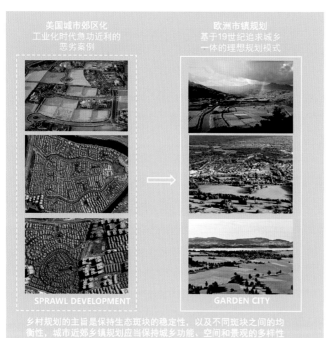

美国城市郊区化
工业化时代急功近利的思劣案例

欧洲市镇规划
基于19世纪追求城乡一体的理想规划模式

SPRAWL DEVELOPMENT

GARDEN CITY

乡村规划的主旨是保持生态斑块的稳定性，以及不同斑块之间的均衡性，城市近郊乡镇规划应当保持城乡功能、空间和景观的多样性和差异性，同时追求一体化的和谐发展。

宁波鄞江镇——树立中国大都市近郊的新典范

宁波南部、西南和东南近郊以及西部近郊（临近山区的丘陵＋小平原地带）都是未来城市发展最可贵的资源。

城市大型开放空间与自然环境的所在，小规模特种开发的储备用地，"城"与"非城"之间的结合部。

农业与后工业时代并存的区域。

农业：乡村原本是老子"小国寡民"模式的原型。一个乡村包括了周边农田与山水，支撑一定规模自给自足的生活方式。

未来农业在形态上仍然部分保留自给自足生活方式所塑造的空间形态，但产业运作方式需要改变，故空间与景观也会有一定的改造。

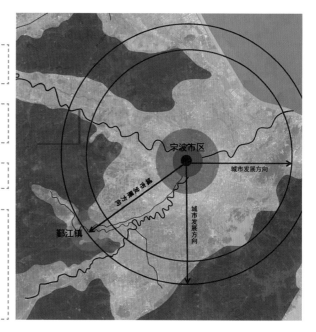

宁波市区

鄞江镇

城市发展方向

城市发展方向

水利文化

茶文化

它山之水，宁波之源

茶韵悠悠，绿色生活

山水文化

历史资源

青山碧水，灵动俊秀

古色醇香，宁静醇厚

石文化

草本植物

它山之石，强身健体

浙贝之乡，康体养生

浮岛，山水田园中的慢生活，

鄞江，给你一座"源"生态的养生休闲家园

城市采石废弃地国外再利用建设实践

名称	地理位置	区位	时间	规模	原址类型	开发模式
伊甸园	英国—康沃尔郡	城郊	2001 年	25hm²（用地）	废弃露天黏土坑	全球最大的生态温室，建设温室植物园，以保护濒危物种、旅游等功能为主。不仅成为人们休闲娱乐的场所，还是一个开展生态教育的天然课堂

| 淡路梦舞台 | 日本—淡路岛 | 城区 | 2000 年 | 占地1500hm² | 废弃采石场 | 再利用建设一个综合休闲园区，由国际会议场、酒店、庭园、广场、温泉和露天剧场等组成 |

| 上海洲际世贸仙境酒店 | 中国上海 | 城区 | 2008 年 | 3.68hm²（用地） | 废弃安山岩采石场 | 开发建设一个洲际超五星级度假酒店及配套的运动和休闲的室外活动场地 |

| 上海辰山植物园 | 中国上海 | 城郊 | 2010 年 | 4.26hm² | 废弃采石场 | 开发为综合休闲园区，包括温室、科普中心、休闲之园，集展览、休闲、科研功能于一体 |

再利用设计手法

尹甸园主要由 5 个穹窿温室直接覆盖石灰石边坡并顺应坡底的地形串联而成。其中建成的温室最高的约 55m，是世界上最大的无梁柱支撑的温室；温室内恢复地表土壤，种植珍稀植物，边坡采用退台与坡面结合的形式构建景观空间，组织参观流线。同时，利用地势收集雨水，用作植物日常灌溉

建筑与景观大部分都设在坡地上。建筑有做错层处理，还有顺应地势呈退台状，屋顶覆土与环境融为一体。景观方面，利用一个瓜形的坡地建造露天剧场；百段苑花园利用边坡的地势，呈退台式布置方形花坛，并结合台阶与叠水形成了丰富的景观空间

西店的主体"挂于"矿坑南侧石壁上，最深处达地平以下 70m，酒店主体结构与坑壁弧度相呼应呈弧形。主体 19 层中坑口地平以上为 3 层酒店入口大堂、会议中心及餐饮娱乐中心等，坑内为 14 层标准客房与 2 层水下情景套房和餐厅、SPA 等。每层客房均设有层层退后的景观露台，直对正面利用坑壁近百米落差形成的瀑布。矿坑顶端还有一个悬挑的 U 字形玻璃观景平台，可俯敲项目全貌，还会有棚极等活动体验。为解决消防、防水、抗震等技术难题，每一个阳台均与消防通道相连以应对突发状况；坑也内安装抽水机以确保湖中水位变化处于安全区间；地质勘测也显示矿坑岩壁强度能够支撑酒店结构，满足抗震性能

道物园内的西矿坑遗迹被改造为"沉床"花园，融入植物园中。为达到最小的场地干预，矿坑花园充分利用原有的地形地貌，改造出了深潭水池、崖壁瀑布等景观，通过石壁上出挑的钢梯和浮于水面的木栈道组织坑内的步行游览路线。现有元素毛石、生锈的钢板等材料的运用展现了开采遗迹。崖壁上自然的裙皱与水体等条件营造了和谐山水共生景观环境，同时自石壁出挑的钢栈道与入口又体现现代工业的美感。

总体构思

设计理念：融入自然

设计对策：因地制宜、山水乡镇

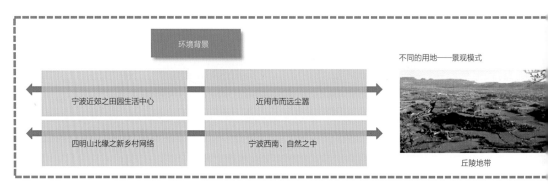

环境背景

宁波近郊之田园生活中心	近闹市而远尘嚣
四明山北缘之新乡村网络	宁波西南、自然之中

不同的用地——景观模式

丘陵地带

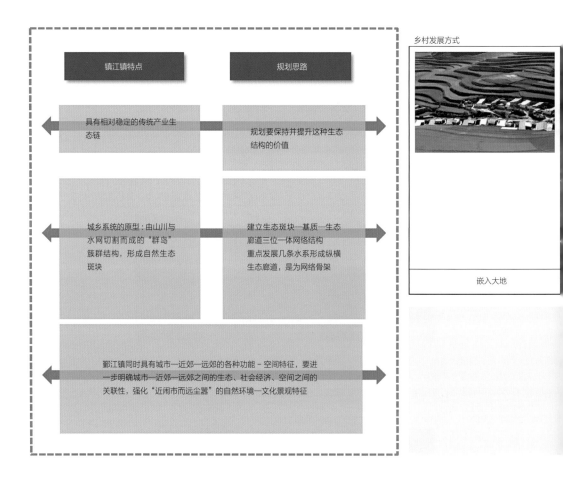

镇江镇特点	规划思路
具有相对稳定的传统产业生态链	规划要保持并提升这种生态结构的价值
城乡系统的原型：由山川与水网切割而成的"群岛"簇群结构，形成自然生态斑块	建立生态斑块—基质—生态廊道三位一体网络结构 重点发展几条水系形成纵横生态廊道，是为网络骨架

鄞江镇同时具有城市—近郊—远郊的各种功能 – 空间特征，要进一步明确城市—近郊—远郊之间的生态、社会经济、空间之间的关联性，强化"近闹市而远尘嚣"的自然环境—文化景观特征

乡村发展方式

嵌入大地

| 平川地带 | 水网地带 | 山脚地带 | 山区地带 |

| 再造大地 | 融入大地 | 根植大地 | 飘浮于大地之上 |

设计意图：

——重构历史文化网络——保护与发展融合的要点是梳理历史文脉，尊重历史环境。

——目前的建设模式使历史与现代相脱节，其规划目的就是要在原有格局基础上实施修复并提出符合社会经济发展需求的新模式。

——乡村是城市的基础。对宁波来说，鄞江镇就是城市发展的基础。保持基础的稳固与可靠是乡镇规划的核心

发展原则

中国目前处于快速城市化时期，人口众多，土地紧张，资源有限。生态鄞江镇的定位是发展为中国可持续发展的城市典范。

新建筑原则上不占耕地、少占土地、减少资源消耗和垃圾排放，在资源约束条件下建设新型生态城镇。

1.在镇域范围内尽量实现垃圾零排放、资源循环利用。

以啤酒厂为例，一个中型啤酒厂每年产生的副产品达500t左右，可生产营养性食品添加剂约100t、优质饲料约2000t，还可生产高品质鱼饲料约1000t。故在啤酒厂旁建立附加生产基地，在附近开辟生态养鱼池。

2.对山区采石场及其周边环境采取以生态修复和保护为目标的规划措施，建立新的生态平衡机制。

建设自然环境与人工环境共融共生的生态居住系统，实现人与自然的和谐共存。

3.以绿色交通为支撑，形成紧凑型城镇布局。

以生态廊道、生态网络和生态细胞（生态社区）构成城镇基本功能—空间构架。

4.建立中水回用、雨水收集、水体修复为重点的生态循环水系统。

5.以可再生能源利用为标志，加强节能减排，发展循环经济，构建资源节约型、环境友好型城镇社会。

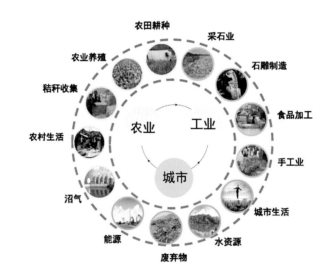

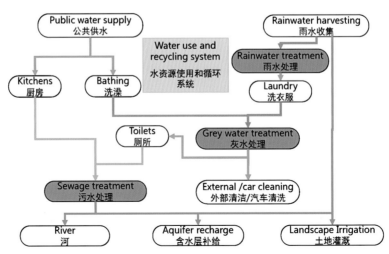

发展模式导引

采用集约紧凑的城市发展模式，综合考虑环境、就业、居住、交通、市政基础设施等多种因素，按照紧凑、集约、高效、宜居的城市理念进行规划布局，探索具有中国特色的生态城市发展道路。

1.组团布局准则：依据步行和非机动车的出行距离，采用组团式布局，通过生态廊道界定组团边界。

2.公交引导准则：依托大运量公交系统引导土地开发，沿交通站点周围适当提高开发强度。

3.混合使用准则：充分利用现有地形，综合考虑土地使用、交通组织，通过平面和竖向的合理设计，减少土方挖填，实现高效的土地使用。

4.创造丰富的城市景观。

5.公共利益优先准则：保障生态城中心区、滨水区等高价值区域的公共性和开放性空间。

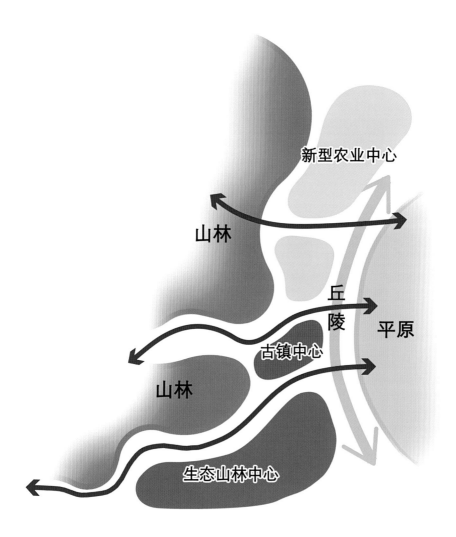

创新性设计策略

镇域层面：

——通过资源科学利用而非一般意义上的土地开发促进城镇发展——避免城镇"蔓延式"扩张。

——通过产业转型提升环境价值和综合收益——开发公共活动。

——通过文脉延续和注入活力激发老镇振兴——遗产保护、历史节点更新、发展活力点、创造多样性活动网络。

片区层面：

——多场景、多元化的文化景观塑造。

建筑层面：

——空间营造—避免现行"三通一平"建设方式对用地环境的改变：每一个建设项目都在大地上留下一个创伤。从传统木构施工工法中汲取营养，采用打桩—架空工法，使建造过程对环境的影响降至最低。

——道路建设不再阻断水系，保持并强化水—土环境的生态链。

——新建筑是为大地上的"浮岛"，将有限的土地解放出来容纳城乡公共生活。

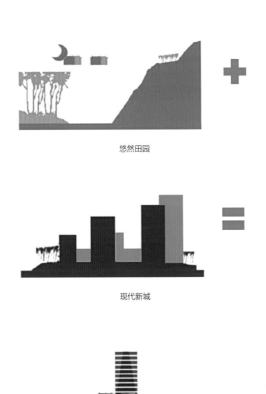

悠然田园

现代新城

悠然新城

"浮岛"
发展"飘浮于大地之上"的建造模式

区域定位——宁波西南郊野公园

鄞江镇的功能价值重点体现在市域层面上。该镇倚靠郊野绿心，坐拥水系清源，联动周边乡镇，邻近宁波市区。这样的区位优势、产业优势以及环境优势，使得鄞江镇成为集产业服务、体育休闲、居住生活及游憩养生于一体的近郊理想家园以及生态文化中心。

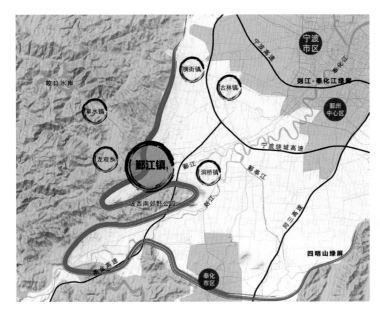

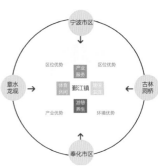

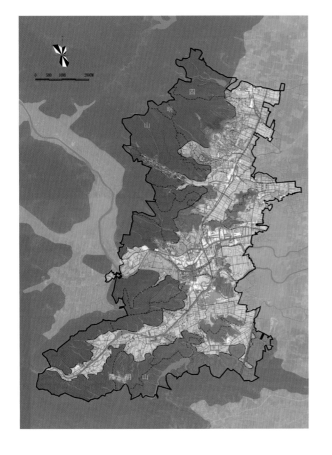

总体设计

总体设计的原则：

1. 保留和梳理现状生态廊道及生态斑块；

2. 配合产业转型逐步转移非生态友好型及非景观友好型的工业企业；

3. 在能够体现传统聚落布局模式的基础上适度撤并自然村，并合理配置公共服务设施；

4. 梳理农田体系，配合农业向生态、高效生产方式发展。

空间系统布局

依托各地区优势资源，形成差异化发展，并以综合效益最佳为最终追求目标。以"区"为核，确定主导的功能结构，以产业发展为地区未来主导依托，产业发展与区块相结合，形成有序结合的功能布局体系。

北部新型农业：以梅园村为主导，带动沿江村、建岙村、大桥村发展。

中部古镇：以光溪村为主导，带动鄞江村、东兴村、它山堰村、悬慈村联动发展。

南部生态山林：以金陆村为主导，带动清源村、蓉峰村发展。

生态系统规划

生态目标：打造鄞江镇最具生态的湖山湿地，形成城乡发展协调示范地区。

生态策略：

1.以生态廊道、生态网络和生态细胞（生态社区）构成城镇基本功能——空间构架。

2.建立生态补偿机制，对现有的农田、山体进行保育，生态廊道进行弥补，逐步退耕还林，退湖还田。

3.打造连续的生态网络，以水体、绿地、山体共同构成，生态节点结合休闲疗养度假区构成地区的生态向心关系。

斑块和节点紧密联系的生态保育体系：

堵质——农田斑块及湖畔平原；

廊道——生态廊道和水质廊道；

斑块——建设区斑块和山体斑块；

片区——生态敏感区；

节点——城市生态公园和湿地。

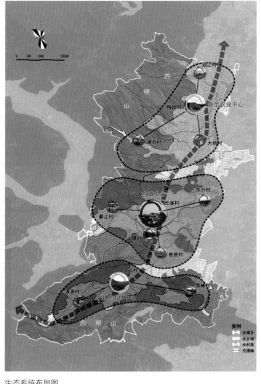

生态系统布局图

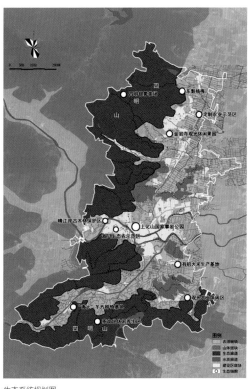

生态系统规划图

古镇区设计

效果图

功能区分图

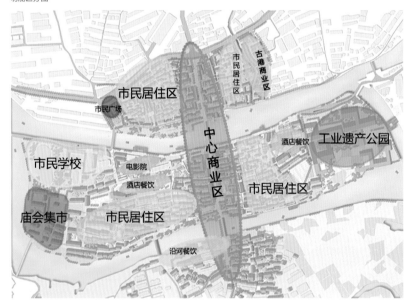

古镇区主要分为以下几个功能片区：

    1. 中心商业区：整合古镇区内原有商业建筑，增加其进深。

    2. 市民居住区：修缮民居，强化肌理，整理公共空间。

    3. 市民学校：利用原有学校，在其空闲时间向市民开放。

    4. 庙会集市：依托它山庙扩建戏台，增加庙会活动面积。

    5. 酒店餐饮：为游客和庙会而来的集中人流提供服务。

    6. 沿河餐饮：为游客提供河鲜。

    7. 工业遗产公园：改建东侧工业遗产，提供游玩空间。

    8. 市民广场：将镇政府大楼架空，底层向市民开放为广场。

    9. 古港商业区：复建古小溪港，为游客提供零售商业和展览展示。

古镇区主要的景观节点分布：

    1. 中心商业区景观节点：结合中心商业区的建筑开放空间布置景观节点。

    2. 南塘河沿岸景观节点布置：在机动车道下沉为隧道之后，沿南塘河沿岸布置景观节点。

    3. 鄞江沿岸景观节点布置：在鄞江沿岸布置水院，保持田园风光。

古镇区主要开放空间分布：

    除了将重要的景观节点作为开放空间外，民居群内开放的葡萄藤架均分布其中。

矿藏区修复性设计
梅园农业－工业－旅游度假小镇节点设计

区活动策划

生态农业实践教育基地

采石主题度假区

　　采取修复性开采的措施，逐渐停止采石场的开采。同时利用采石场遗留的不同地形地貌，结合多种建筑方式再利用，布置度假酒店、餐饮购物、采石博物馆和采石工艺文化馆。

特产品和生态蔬果零售点

生态鱼塘

科普生态产业区

　　采用多种循环体系，实现采石场的生态复绿。布置生态农业实践教育基地，采用立体方式展示采石场生态复绿过程。同时布置无土栽培园、农业科教基地、洁净能源中心、生态鱼塘和渔业养殖研发中心，进行农业技术研发，与农耕保护区一起形成产学研一体的产业格局。

业科教基地

无土栽培园

石博物馆与采石工艺文化馆　　　　　　采石博物馆与采石工艺文化馆　　　　　台阶餐饮购物

壁酒店

建岙村度假风情古村 节点设计
总平面

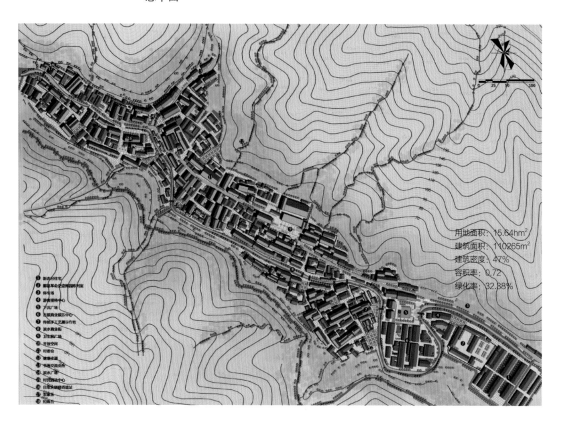

用地面积：15.64hm²
建筑面积：110265m²
建筑密度：47%
容积率：0.72
绿化率：32.88%

建岙村度假风情古村 节点设计
结构分析图

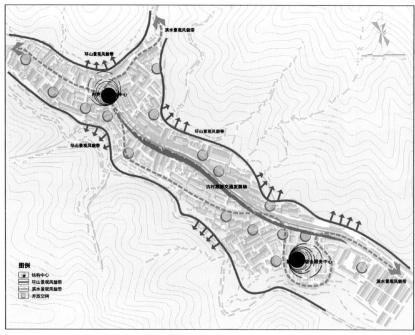

建岙村度假风情古镇的空间结构
为"一轴、两心、两带"
一轴：梅岙公路发展轴
两心：
村民公共活动中心
旅游接待综合服务中心
两带：
环山景观风貌带
滨水景观风貌带

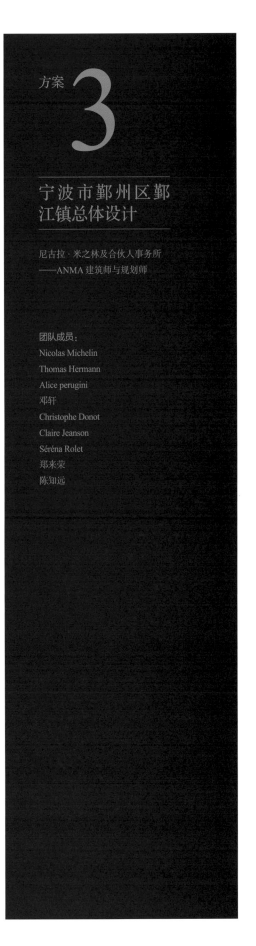

方案

3

宁波市鄞州区鄞江镇总体设计

尼古拉·米之林及合伙人事务所
——ANMA 建筑师与规划师

团队成员：

Nicolas Michelin
Thomas Hermann
Alice perugini
邓轩
Christophe Donot
Claire Jeanson
Séréna Rolet
郑来荣
陈知远

前言

临近江南文化的中心杭州，鄞江镇能够成为宁波的门户，一个具有吸引力的历史及观光农业中心。

重新思考本地区的发展，应该优先保护这片土地具有的内在品质。

我们的研究方式建立在对历史遗产问题的特殊关心之上。在反对摧毁遗产的同时，涉及组织在古老和当代之间进行的对比和融合，或者说如何将我们的方案写入现代的同时不背弃过去的传承。

现有的历史遗迹围绕着它山堰、古庙和传统村舍展开，它们见证了一种稀有且特殊的专业技能。

鉴于这些，我们从基地中选择有力的元素，包括自然空间及历史建筑。城市和乡村的联系则由引入的观光农业走廊自然地建立起来。这个全新的景观单元将古老的鄞江镇中心和宁波联系起来。

方案的雄心在于尊重而不是约束当地的自然地理，同时建立起基于周边村庄的中心市镇的发展与复兴。这种有节制的密度重建和现有的城市肌理相互交融和并列。

Population/人口：7 600 000人　　30 000人
density/人口密度：775 人/km²　　461 人/km²
Area/面积：9397 km²　　65 km²

Ag-tourism Sites
观光农业景点

1. Tengtou Village
   滕头村
2. TianGong Fazenda
   天宫庄园
3. Star bay eco-farm
   明星湾生态农庄
4. Ningbo Bridge ecological farm
   宁波大桥生态农庄

区位分析
比例：1/250000

The East
China Sea
东海

Hangzhou bay
杭州湾

Jinshan
金山

Haiyan
海盐

Fuhaizhen
附海镇

Cixi
慈溪

Qiaotouzhen
桥头镇

Yuyao
余姚

DAPENG
MOUNTAIN
大鹏山

Zhenhai
镇海

Beilun
北仑

Siming Reservoir
四明湖

Ningbo
宁波

Yinjiang Town
鄞江镇

Siming
MOUNTAIN
四明山

Dongqian lake
东钱湖

10km
- 45 min
- 2 h

20km
- 1 h 30
- 4 h

30km
- 2 h 30
- 6 h

宁波市鄞州区鄞江镇总体设计

背景

鄞江镇地处鄞州区西南，西临四明山，素有"四明首镇"之称。全镇共有行政区域面积 63.9km²，下辖 12 个行政村、1 个居委会，共有人口 3 万余人。

全镇地形南北长 10km，东西宽 5km，东与洞桥镇、古林镇相连，西与章水镇、龙观乡为邻，南连奉化江口、萧王庙，北依横街镇，南塘河和鄞江横穿镇区，具有独特的生态资源。

鄞江镇距宁波 25km，它们之间的历史文化、自然环境有着深厚的联系。从宁波蔓延到周边的城市化快速扩张日益严重，本项目期望在保护鄞江镇原生态环境的同时，加强其与宁波的经济文化联系。

鄞江镇地处浙东观光农业发达区域的中心位置，在镇域周边 40km 范围内有多个建成运营的示范区，包括滕头村、天宫庄园、明星湾生态农庄以及宁波大桥生态农庄。中国现有大约 18000 个农业旅游基地，每年接待游客 400～500 万人次。随着收入的增加和度假时间的增多，越来越多的人选择回归自然。

据官方统计，2010 年农业旅游业给 15 万农民带来超过 120 亿元的收入。新兴的农业政策有助于这一现状：中国仅用不到世界 9% 的土地养活了世界 21% 的人口。面对这一挑战，根据中国政府五年规划（2011～2015 年），政府将规划专用农村农业用地，改变农村农业用地结构，使粮食自给率达到 96%。

"十二五"规划的第一个目标是坚持农村经济结构转型，提高农业生产力和生产水平，实现农业工业化和机械化。

第二个目标是继续增加农民收入，减少城乡贫富差距。通过对农产品价格保护和补贴、对农村政策倾斜、大力发展农业旅游等方法实现这一目标。

第三个目标是坚持改善农村生活条件，发展基础设施和公共服务业，完善农村土地管理制度，发展农村信贷。面对社会和经济的挑战，中国政府依据三大主线准备了发展规划：

1. 产业的标准化。
2. 为消费者提高公共服务服务支撑。
3. 依据创新发展产业。优先在大城市周边或旅游区、传统农业区等区域发展。

鄞江镇规划设计希望依据第三条主线，并充分整合周边资源，打造以鄞江镇为中心，辐射周边区域乃至全国的宜居宜游的新型生态中心城镇。

镇域现状分析

鄞江镇全境由 26% 的农业用地、66% 的山地丘陵构成，森林覆盖率达到 61.6%，境内河流纵横，水网密布，主要有南塘河、鄞江、小溪江、清源溪四条水系交汇。

高速公路及各级乡间公路将鄞江镇和宁波紧密地联系起来，毗邻的栎社国际机场成为通往全国各地的重要门户。

历史建筑和村落使之成为独具魅力的旅游胜地。

由水系、平原和山地组成的景观赋予鄞江镇一个独有的特征和结构。自古以来鄞江镇就是四明山和鄞西平原间的重要节点，这成为推动当地旅游发展的决定性因素。通过对镇域现状的解读，感受到城市化对鄞江镇原生态环境的威胁，显示了这座位于大城市边缘地带的非典型当代城镇的"脆弱性"。

至宁波

景观

丘陵

绿色走廊

农业

河岸绿化

重新定义南北向道路景观

丘陵旅游区和城市化平原之间
的衔接与联络、采石区的绿化
和重新定义

镇域总体规划策略

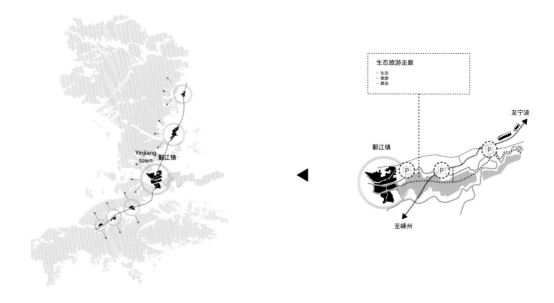

生态旅游走廊
- 生态
- 旅游
- 就业

鄞江镇

Yinjiang town 鄞江镇

至宁波

至嵊州

一条观光农业走廊，成为宁波至四明山区的新入口

控制交通流量，保护自然空间

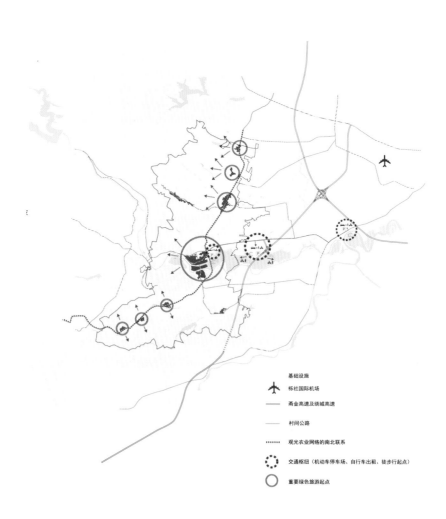

基础设施

✈ 栎社国际机场

—— 甬金高速及绕城高速

—— 村间公路

·········· 观光农业网络的南北联系

⭕ 交通枢纽（机动车停车场、自行车出租、徒步行起点）

○ 重要绿色旅游起点

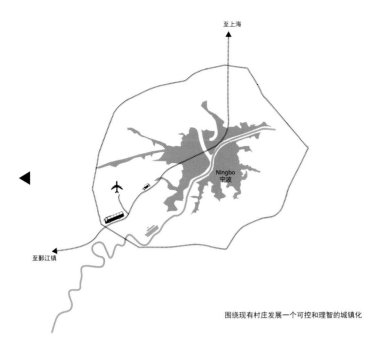

至上海

Ningbo
宁波

至鄞江镇

围绕现有村庄发展一个可控和理智的城镇化

+3 000人

+4 000人

+10 000人

城市现有人口： 23 000人
（远期人口目标： 40 000人）

建筑

—— 甬金高速及绕城高速

—— 村间公路

■ 可发展用地

▨ 预留用地

+17 000人 可提高人居密度的区域

宁波市鄞州区鄞江镇总体设计

镇域总体规划策略
比例：1/25000

　　　　　　　　　渐进与变革

宁波市鄞州区鄞江镇总体设计

镇域总体规划策略

现代化的交通方式将鄞江镇、宁波和上海紧密地联系起来。

创建一个经宁波，鄞江镇至四明山，在奉化江和光溪河之间徐徐展开的生态观光农业走廊，成为本规划方案的"脊梁"。

这条东西向的"经络"在鄞江镇中心与另一条联系各个村落的南北向"经络"相交。南北向"经络"将发展成小溪江及四明山东麓之间的缓冲区。废弃采石场的重新绿化和点状"慢节奏旅游"的倡导及户外运动场所，将镇域内分散的历史村落和山地景观紧密地联系起来。沿河设置的一条自行车车道和步行道，穿越整个鄞江镇南北骑行仅需45分钟，步行仅需2个小时。同时，多条徒步行走的道路以沿线的村庄为起点，向西进入四明山深处。

生态走廊的3个入口：由3种交通换乘工具组成联运中心，设有机动车停车场、自行车出租中心及电动公共汽车站，由快速向慢速过渡的低碳出行方式将成为穿越走廊的首选。

镇域规划策略瞄准鄞江镇3大中心。远期人口增长目标为4万人，节制性发展的城镇化将有效抑制城市的无序扩张及对农业和自然土地的破坏。

镇域总体规划设计有信心使鄞江镇成为全国主要的生态观光农业中心，位于鄞江和宁波间面积达 680hm^2 的生态走廊是一个充满活力的空间，将扮演保护自然风光和发展本地经济的双重角色。由于缺少工作机会，鄞江镇的人口趋向老龄化。镇域发展策略不仅要建立在一个规模化的旅游业基础上，同时还要创造多种就业机会，对构成一个可持续发展的城镇同样重要。

建筑
行政村
现有建筑

遍布的历史建筑和村落使之成为独具魅力的旅游胜地。

镇域总体规划设计方案

生态观光农业走廊

项目有信心使鄞江镇成为吸引包括国内游客、国际游客及生态农业专家等不同类型游客的基地，一个结合保护自然及文化遗产的全方位发展模式将推动鄞江镇走向美好未来。生态观光走廊首先是一块在城市经济生活中充满活力的土地，并向城市敞开；其次是一片有接待观光农业性质的生态农业的基地。生态走廊将向中心城市蔓延发展，一些小规模城市农业土地将会和城市相混合。

生态走廊由不同领域的区域组成：

研究创新区域；

餐饮娱乐区域、苗圃区及郊区菜园；

生态橱窗展示区；

水产养殖和水上娱乐。

生态走廊和鄞江镇东部紧密相连，这里，一个"现代化黄金三角区域"由创新研究中心、学习中心及生态度假胜地组成，成为一个拥有功能性和象征作用的集合。

一个规模宏大的旅游规划策略：重振乡村，创造就业机会，支持创新同时改善居民生活水平

鄞江镇丰富的地理资源及其历史遗迹为发展一个丰富而多样的旅游业创造了天然的条件。从镇域的规模来讲，方案围绕如脊椎般贯穿鄞江镇东西及南北向的"经络"展开。东西向的"经络"，穿过以慢行方式为主的生态走廊，将宁波，鄞江镇以及四明山联系在一起；南北向的"经络"，将以著名的它山堰为代表的鄞江镇历史中心、北部的沿山村、大桥村、建岙村、梅园村和南端的清源村、金陆村以及卢王村联系在一起。沿四明山东麓的采石场将重新绿化并且规划成为四明山古道徒步行的起点。

一些旅游景点呈点状分布在鄞江镇中心城，例如它山堰、它山庙、黄金三角区以及上化山攀岩基地：

它山岛的南岸，重新规划成为全景漫步道，可以观赏到从生态走廊、岛东面黄金三角，一直到岛西面它山堰的全部连续性景观；

从它山岛的西面，向北可达上化山，向南可达它山堰公园瞭望台，同时还有桂花岭古道可直达四明山深处；

岛的东面，从学习中心出发，向北沿小溪江可到达北端的沿山村，向南经度假胜地后到达卢王村。

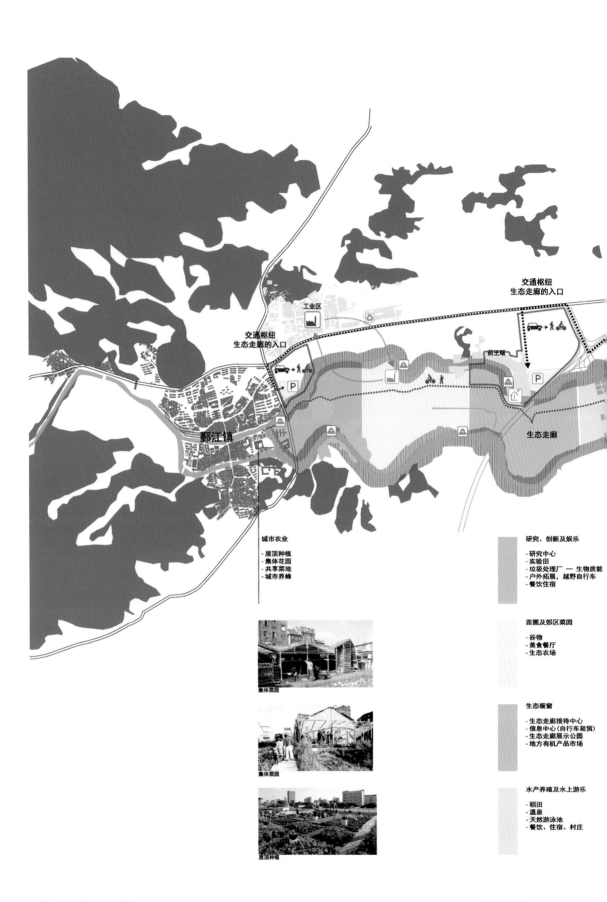

城市农业

- 屋顶种植
- 集体花园
- 共享菜地
- 城市养蜂

研究、创新及娱乐

- 研究中心
- 实验田
- 垃圾处理厂 — 生物质能
- 户外拓展，越野自行车
- 餐饮住宿

苗圃及郊区菜园

- 谷物
- 美食餐厅
- 生态农场

生态橱窗

- 生态走廊接待中心
- 信息中心（自行车租赁）
- 生态走廊展示公园
- 地方有机产品市场

水产养殖及水上游乐

- 稻田
- 温泉
- 天然游泳池
- 餐饮、住宿、村庄

生态观光农业走廊

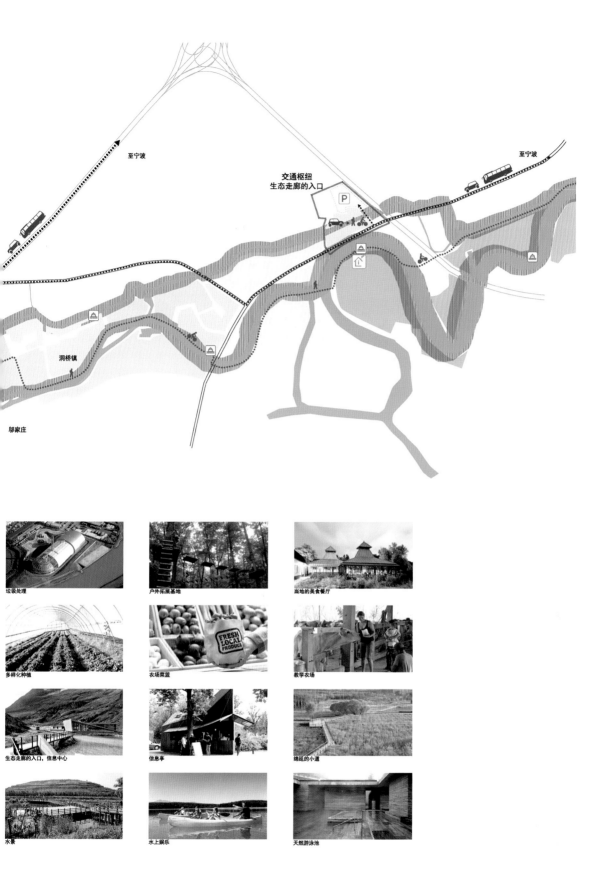

至宁波

至宁波

交通枢纽
生态走廊的入口

P

洞桥镇

邹家庄

垃圾处理

户外拓展基地

当地的美食餐厅

多样化种植

农场菜篮

教学农场

生态走廊的入口, 信息中心

信息亭

绵延的小道

水景

水上娱乐

天然游泳池

宁波市鄞州区鄞江镇总体设计

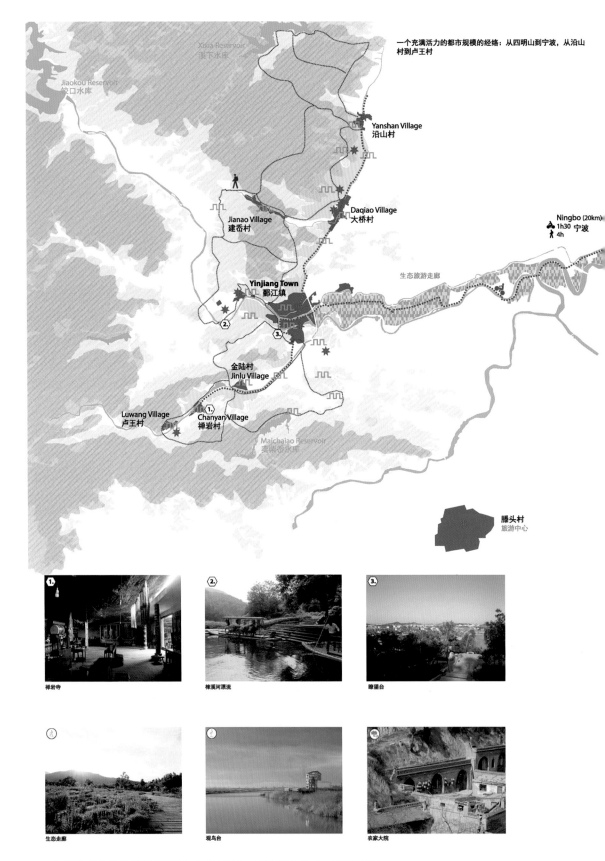

一个充满活力的都市规模的经络：从四明山到宁波，从沿山村到卢王村

Xixia Reservoir
溪下水库

Jiaokou Reservoir
皎口水库

Yanshan Village
沿山村

Jianao Village
建岙村

Daqiao Village
大桥村

Ningbo (20km)
1h30 宁波
4h

生态旅游走廊

Yinjiang Town
鄞江镇

金陆村
Jinlu Village

Luwang Village
卢王村

Chanyan Village
禅岩村

Majiaqiao Reservoir
麦饯桥水库

膝头村
旅游中心

1. 禅岩寺

2. 樟溪河漂流

3. 瞭望台

生态走廊

观鸟台

农家大院

一个规模宏大的旅游规划策略：重振乡村，创造就业机会，支持创新
同时改善居民生活水平

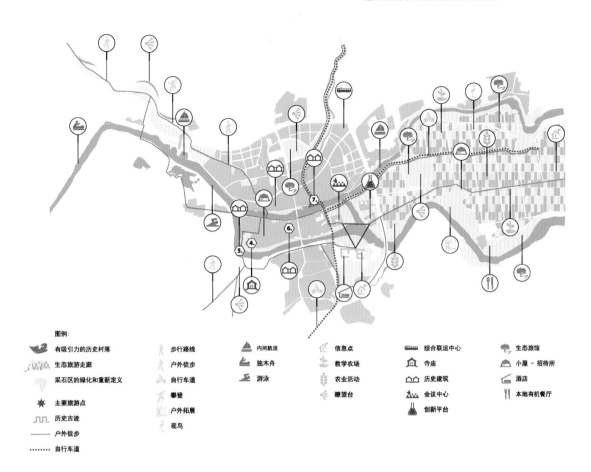

图例：

🐟 有吸引力的历史村落　　🚶 步行路线　　⛵ 内河航运　　📍 信息点　　🚃 综合联运中心　　🏠 生态旅馆

🏘 生态旅游走廊　　🏃 户外徒步　　🛶 独木舟　　🌱 教学农场　　🏛 寺庙　　🏠 小屋－招待所

🏔 采石区的绿化和重新定义　　🚲 自行车道　　🏊 游泳　　🌾 农业活动　　🏠 历史建筑　　🏠 酒店

⭐ 主要旅游点　　🧗 攀登　　　　　　　　🗼 瞭望台　　🎉 会议中心　　🍴 本地有机餐厅

⚏ 历史古迹　　🪢 户外拓展　　　　　　　　　　　　🧪 创新平台

------- 户外徒步

••••••• 自行车道

寺庙

水坝

老镇中心

人行石桥

滨水规划设计

生态度假村

户外拓展

岛的南岸

宁波市鄞州区鄞江镇总体设计

依据现状，量身改造的新鄞江镇
比例：1/5000

扩展和升级的工业区

苗圃

东入口

码头

生态栈道

通往宁波的漫步道

美食屋

生态农场

生态观光农业走廊

瞭望台

绿化路面

掌扇公园

中心 2 - 学习中心：
共享文化的地方

实验温室大棚

现代化的黄金
三角地带

中心 1 - 创新中心
研究有机产品中心

码头

生态旅馆

中心 3 - 生态度假区
创造一个生态街区

宁波市鄞州区鄞江镇总体设计

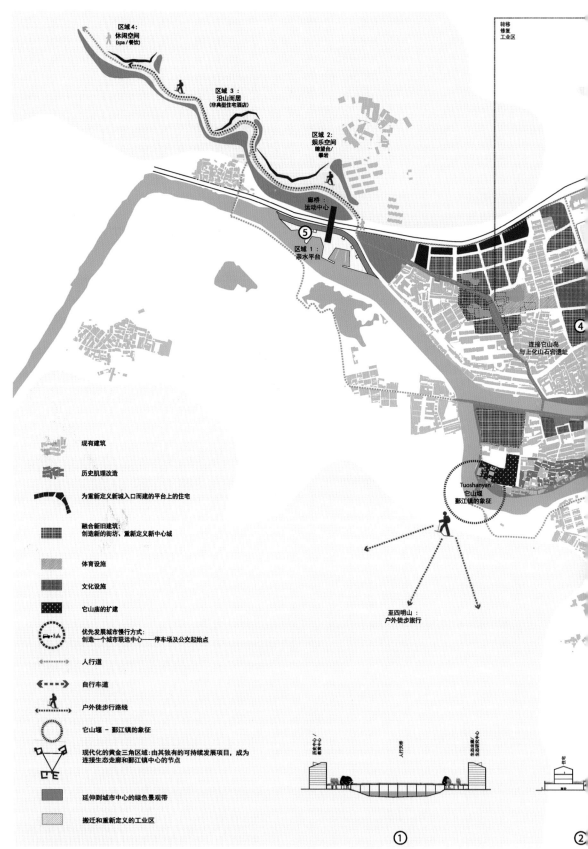

鄞江镇的重新规划：历史中心的保护，发展新的城市及经济功能，建立公共空间和
低碳出行方式网络
比例：1/5000

朝向北部
的村庄

用植物创造出一个
绿色工业区

至宁波

新的区域
入口界面

连接它山岛和北部
村庄的绿色走廊

生态观光农业走廊

转移
修复
工业区

中心 2 - 学习中心：
共享文化的地方

中心 1 - 创新中心
研究有机产品中心

中心 3 - 生态度假区
创造一个生态街区

至南部村庄

③   ④   ⑤

宁波市鄞州区鄞江镇总体设计

规划方案的目标在于保护鄞江镇的历史文化与自然遗产，同时发展旅游度假行业推动其经济的发展。依据现状和历史，量身定制方案增加其附加值。方案反对"全部拆除"的手法，相反，选择性地保留现状，并使其和谐地融入鄞江镇的城市肌理中。鄞江镇更新的主要方面是：

它山岛，传统和现代，自然及人文相交汇的地方；

位于鄞江镇东侧的黄金三角区域及生态走廊；

位于鄞江镇中心东北侧的全新城市界面，由交通联运中心及住宅构成；

一个充满活力的新中心，新建的市场、体育设施、教育中心及住宅沿中轴线依次展开；

上化山攀岩公园。

鄞江镇的重新规划：历史中心的保护，发展新的城市及经济功能，建立公共空间和低碳出行方式网络。

我们从传统道教文化和针灸医术中汲取灵感定义设计方式，本规划充分发现、尊重、利用和释放鄞江镇历史遗产的价值，使鄞江镇的人文景观及自然景观达到最佳融合。在此目标下，规划设计方案把保留与转变、缓慢"发展"及决定性转变、传统与现代结合起来，如同针灸一样，经过一系列沿经络的穴位，达到刺激、减弱紧张与放松、缓和的效果。与此同时，运用另一种更加强烈和显著的方式增加城市密度，为城市增加功能并让它与众不同。

历史中心，在遗产和现代之间的新的旅游吸引点

樟溪河顺流而下至鄞江镇，被它山堰分流成北面的光溪河和南面的鄞江，居中的它山岛成为古镇的中心，方案希望尽最大的可能保留历史街区的城市肌理并扩大它山庙的规模，同时连接东部生态走廊，打造一个现代化黄金三角区域，这片现代化黄金三角区域由象征旅游经济的生态度假村、象征循环经济的研究和创新中心以及象征知识经济的学习中心组成。等边三角形象征着和谐与团结，该黄金三角区域通过这种形状的人行天桥联系，人们在这里学会享受生活、创新与分享。

它山岛南岸的重新规划，从它山庙到生态观光农业走廊

作为连接历史（它山堰、新扩建的它山庙及历史居民住宅的现代化改建）和现代（学习中心、生态酒店、研究中心和观光农业走廊）的桥梁，它山岛的南岸和西岸被重新规划，一条景观通道及木制亲水平台提供了多个欣赏对岸山光水色的全新视角，同时加强了堤岸的亲水性。一些基于老城肌理发展的新住宅对它山岛的西北部区域进行了重新定义：为适应新的生活方式及城市现代化发展，传统庭院式的建筑形式在这里被重新诠释。

提高城市密度：交织、连接、融合

在位于鄞江镇中心北部的区域，地块现状显得支离破碎，缺少强烈的特征。基于对城市多样性和现有历史街区的保护，新规划项目集中了其大部分新活力片点及建筑物，逐步提高城市的密度象征着城市东大门的"城墙"，是对城市化扩张进行"保护／保留"的隐喻，同时也是对外来快速车流及内部缓慢节奏的一种分离。鄞江镇的中心轴线被一系列新的"关键动作"带动起来并成为一个充满活力的中心：结合当地社团的体育中心、教育中心（部分从它山岛搬迁而来）、新的湖滨住宅、重建的中央市场及位于东部的重新定义的工业区。

建造鄞江镇的标志性新界面

在这座即将孕育的城市内，停车场基座和位于鄞江镇东北入口的联运中心体现了一个创新的"缓行交通"概念。缩短了与市中心的距离，使得步行、自行车和无污染电动公交车三种出行方式互换得以实现。坐落在基座平台上的新建住宅的轮廓给城市的东入口带来了新的气象。此起彼伏的屋顶和远处的山丘相得益彰，这些平台同时是位于高处的绿色长廊，它既提供了全景观赏视野又为街道的活动提供了空间。

连接它山岛和上化山古
岩的绿色走廊

庭院建筑

中央大酒店

艺术影院

城市剧院

重新定性的
空间

历史肌理的重新定义

现存寺庙

现存寺庙及
其扩建

它山岛南岸的全景漫步道

barrage
Tuoshan Yan
它山堰

户外徒步旅行的起点

历史中心，在遗产和现代之间的新的旅游吸引点
比例：1/2000

生态观光农业走廊

绿化路面

实验温室大棚

中心 1 - 创新中心
研究有机产品中心

中心 2 - 学习中心
寻求文化的地方

重新定性的
空间

现代化的黄金三角地带

中心 3 - 生态度假区
创造一个生态街区

北部
走廊

宁波市鄞州区鄞江镇总体设计

它山岛南岸的重新规划，从它山庙到生态观光农业走廊

宁波市鄞州区鄞江镇总体设计

提高城市密度：交织、连接、融合

比例：1/2000

　　　　渐进与变革

扩展和升级的工业区

苗圃

界面
线性联运板纽
(停车场，自行车，行人)

东入口

联运中心
(公交，停车场和自行车)

界面
线性联运枢纽
(停车场，自行车，行人)

连接它山岛和北部村落的绿色
走廊

新界面

酒店

中心

宁波市鄞州区鄞江镇总体设计

建造鄞江镇的标志性新界面

宁波市鄞州区鄞江镇总体设计

上化山石宕遗址及毗邻区域重新规划
比例：1/2000

宁波市鄞州区鄞江镇总体设计

上化山采石场改造与新的户外旅游活动体验

宁波市鄞州区鄞江镇总体设计

上化山采石场及毗邻区域重新规划：围绕着樟溪河和土地，规划新的旅游线路

应本项目的要求，上化山采石场及毗邻区域考虑到了旅游和户外活动的发展。方案有信心加强该区域与鄞江镇中心以及樟溪河的联系。为了实现这种联系，我们设计了一条从它山岛一直延伸到该区的绿色步行＋自行车道。同时，一幢形似桥梁的退台建筑从荷梁线上架空穿过，并将上化山及樟溪河滨浴场联系起来。

位于樟溪河及上化山区的道路连接了以下主要地带：

水上中心，设有游泳区、游船码头、小船出租处，儿童游乐区、独木舟；

利用上化山峭壁改造的攀岩公园；

重新利用了上化山石宕遗址区域的现存洞窟并将其改造成可供游客居住的旅馆、休闲场所、SPA、餐厅。

上化山采石场改造与新的户外旅游活动体验

不同的区域通过徒步旅行道及自行车车道将沿线的自然风光联系在一起。悬崖顶部布置了露台、休息平台和眺望台。为了不破坏现有的景观以及充分尊重地形现状，做了最轻微甚至隐形的规划设计。

结语：鄞江镇，经济可持续发展的旗帜性地区

新鄞江镇的建设从保护和发扬当地的自然历史文化遗产出发，充分依托鄞江山水资源和厚重的它山文化，努力打造符合自身特色的发展道路。位于南塘河和鄞江之间的生态观光农业走廊，将成为联系鄞江镇和宁波的重要纽带，创新型国家级生态观光农业经济模式可以促进本地区的社会经济的发展。同时，位于它山堰和黄金三角区域的产业研究中心、知识共享中心、生态度假中心和户外休闲旅游区，在保护自然传承的基础之上不断创新，丰富了当地居民的文化生活，同时促进经济的可持续发展。

鄞江镇，经济可持续发展的旗帜性地区

宁波市鄞州区鄞江镇总体设计

4

宁波市鄞州区鄞江镇总体设计

哥伦比亚大学中国大都会实验室与
美国 SLAB 建筑设计工作室联合体

前言

鄞江镇历史悠久，风景如画，千百年来联系着宁波城和美丽的大自然。富饶的山川、绿林和农耕文化，成为鄞江镇独特的优势。在当今日新月异的城镇化进程中，我们该如何发挥这一地方优势，又该扮演怎样的区域角色，开创新的历史，便是我们所要探讨的问题。

我们相信鄞江的发展契机深深植根于其丰厚的历史文化遗产之中，我们应当充分尊重其历史文化，发挥当地特色资源优势，加强生态农业和生态工业建设，从而实现经济的可持续发展。与此同时，丰富的旅游资源能够吸引更多的年轻人参与到中国新城市理念的实践中，使鄞江成为新农村建设的典范。

Yinjiang is a place with a long and rich history set within a beautiful natural landscape. It has been for centuries the link and gatekeeper between the natural environment and Ningbo. Its identity has forever been defined by its lush green landscapes, mountains and rivers, and it abundant agriculture. What is to become of Yinjiang in the future? What is its future identity? What role will it play in the urbanization of the region? What will be its new history?

Our goal for the Yinjiang Town urban design proposal is to cultivate a new identity and a sustainable future for positive development and economic growth. This new identity is rooted in the existing Yinjiang Town... We are proposing to honor and celebrate its history by promoting its culture and natural resources and strengthening its existing agricultural and industrial base. Yinjiang Town will become a celebrated tourist destination as well as a desired home for its new future generations... by strategically incorporating the principles of New Chinese Urbanism it can become a model for future development in China.

Overall Design Scheme of Yinjiang Town | CHINA
宁波市鄞州区鄞江镇总体设计

SITE LOCATION 区位分析
REGIONAL CONNECTION 区域联系

ACCESS TO YINJIANG TOWN 鄞江镇可达性

POPULATION PROJECTION 人口统计
CURRENT POPULATION AND VILLAGE DENSITY 当前人口规模与村庄密度

INDUSTRY 工业
CURRENT INDUSTRIAL SPACE ORGANIZATION 当前工业用地组织及工厂分布图

Chaotic Growth!

发展混乱！

90% INDUSTRIAL STRUCTURE (FARM : INDUSTRY : TOURISM & REAL ESTATE = 5.3 : 90 : 4.7)

工业比重占90%（农业 : 工业 : 旅游业和房地产业 = 5.3 : 90 : 4.7）

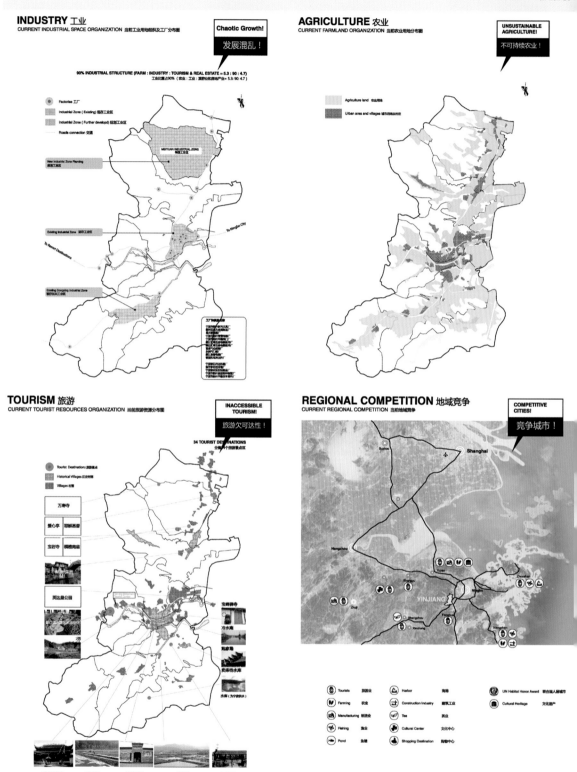

- Factories 工厂
- Industrial Zone (Existing) 现存工业区
- Industrial Zone (Further developed) 规划工业区
- Roads connection 交通

MEIYUAN INDUSTRIAL ZONE 梅园工业区

New Industrial Zone Planning 规划工业区

Existing Industrial Zone 现存工业区

To Ningbo City

To Resort Destinations

Existing Dongjing Industrial Zone 现存洞桥工业区

AGRICULTURE 农业
CURRENT FARMLAND ORGANIZATION 当前农业用地分布图

UNSUSTAINABLE AGRICULTURE!

不可持续农业！

- Agriculture land 农业用地
- Urban area and villages 城市用地及村庄

TOURISM 旅游
CURRENT TOURIST RESOURCES ORGANIZATION 当前旅游资源分布图

INACCESSIBLE TOURISM!

旅游欠可达性！

34 TOURIST DESTINATIONS 全境共34个旅游景点区

- Tourist Destinations 旅游景点
- Historical Villages 历史村落
- Villages 村庄

万寿寺

景心亭　耶稣基督

宝岩寺　横街南庙

英达鼓公园

宝峰禅寺

冷水涧

光溪塘

变南岙水库

水库（为宁波供水）

它山遗镇庙　它山堰　新安遗迹　清溪遗　息慈桥

REGIONAL COMPETITION 地域竞争
CURRENT REGIONAL COMPETITION 当前地域竞争

COMPETITIVE CITIES!

竞争城市！

- Tourists 旅游业
- Farming 农业
- Manufacturing 制造业
- Fishing 渔业
- Pond 鱼塘
- Harbor 海港
- Construction Industry 建筑工业
- Tea 茶业
- Cultural Center 文化中心
- Shopping Destination 购物中心
- UN Habitat Honor Award 联合国人居城市
- Cultural Heritage 文化遗产

YINJIANG'S CHALLENGES & ASSETS 鄞江的优势与挑战

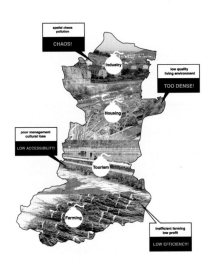

什么是
鄞江的未来？
WHAT IS THE
FUTURE
OF YINJIANG?

LANDSCAPE 自然景观

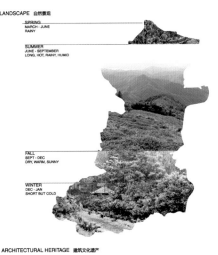

SPRING
MARCH - JUNE
RAINY

SUMMER
JUNE - SEPTEMBER
LONG, HOT, RAINY, HUMID

FALL
SEPT - DEC
DRY, WARM, SUNNY

WINTER
DEC - JAN
SHORT BUT COLD

NATURAL RESOURCE 自然资源

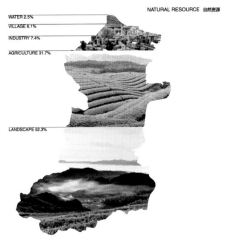

WATER 2.5%

VILLAGE 6.1%

INDUSTRY 7.4%

AGRICULTURE 31.7%

LANDSCAPE 52.3%

ARCHITECTURAL HERITAGE 建筑文化遗产

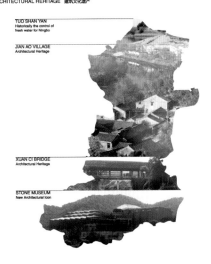

TUO SHAN YAN
Historically the control of
fresh water for Ningbo

JIAN AO VILLAGE
Architectural Heritage

XUAN CI BRIDGE
Architectural Heritage

STONE MUSEUM
New Architectural Icon

SPECIALIZED AGRICULTURE 特色农业

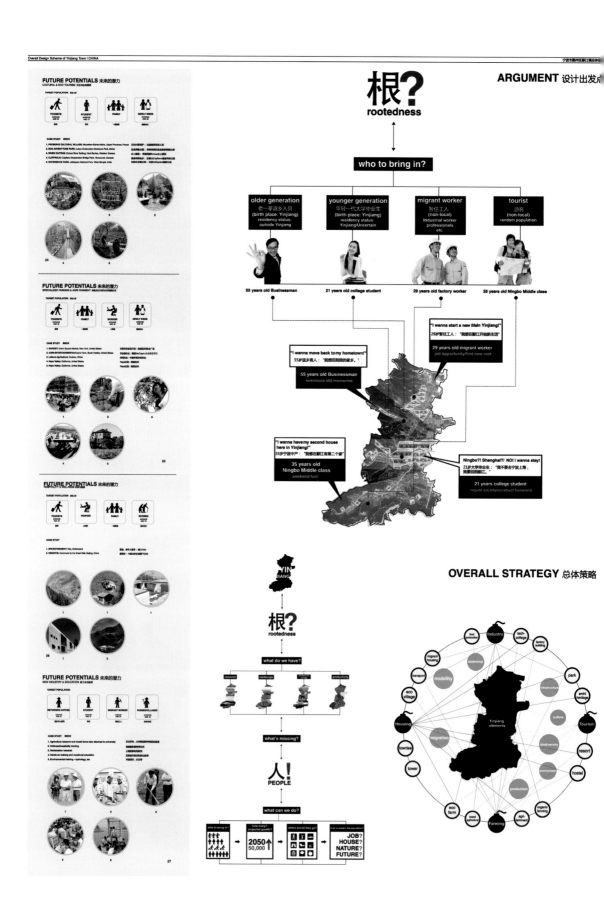

STRATEGY 1 NEW URBANISM 新城市主义
THE DEFINITION OF NEW URBANISM 新都市主义定义

THE DEFINITION OF NEW URBANISM 新都市主义定义

CASE STUDY 案例研究

THE MAP OF WALKABLE VILLAGES 步行村社分布图

New Urbanism is an urban design movement which promotes walkable neighborhoods containing a range of housing and job types. It arose in the United States in the early 1980s, and has gradually informed many aspects of real estate development, urban planning, and municipal land-use strategies.

新都市主义是一项提高步行社区环境、保留住房和工作多样性的城市设计运动。它起源于美国20世纪80年代，并已经渗透到了房地产领域、城市规划和土地使用策略的方方面面。

STRATEGY 2 DENSITY 密度
DENSITY COMPARISON OF YINJIANG AND INTERNATIONAL CITIES 鄞江密度与全球密度比较

How large the urbanized area would be ,
if Yinjiang Town's 50,000 people lived as dense as in...

如果鄞江人口达到50,000人，
以下列城市密度为例，将占有多少鄞江面积？

YINJIANG TOWN
中国宁波鄞江镇
CURRENT POP:
26,400
CURRENT Density:
101.5 people/ha
CURRENT URBANIZED Area:
290.5 ha

TOKYO
日本东京
Density:
343 people/ha
Area:
145.7 ha

PARIS
法国巴黎
Density:
211.96 people/ha
Area:
235.89 ha

NEW YORK CITY
美国纽约
Density:
116.4 people/ha
Area:
429.9 ha

SINGAPORE
新加坡
Density:
75.4 people/ha
Area:
663.1 ha

SAN FRANCISCO
美国旧金山
Density:
68 people/ha
Area:
735.2 ha

LONDON
英国伦敦
Density:
52.9 people/ha
Area:
945.2 ha

HOUSTON
美国休斯顿
Density:
15.5 people/ha
Area:
3225.8 ha

41

DENSITY
75 persons/ha
密度
75 人/公顷

TRADITIONAL VILLAGE HOUSING UNIT
典型村庄住宅单元

1 FAMILY
4 MEMBERS

DENSITY 密度
$$\frac{(10m \times 10m)}{4\ persons} = 25\ m^2\ per\ person$$

NEW VILLAGE HOUSING UNIT
新建村庄住宅单元

1 FAMILY
4 MEMBERS

DENSITY 密度
$$\frac{(10m \times 20m)}{4\ persons} = 50\ m^2\ per\ person$$

How will we reach the target density. 怎样达到目标密度：75人/公顷

NO!

YES!

STRATEGY 3 FARM EFFICIENCY 农业效能
EXISTING FARMING EFFICIENCY 现存农业效能

We analyzed the efficiency of the existing farming areas throughout Yinjiang. This assisted us in determining locations to implement or strategies of exploiting the rich agricultural history and its existing specialty crops into a proposal for organic and higher-efficiency farming industries, agri-tourism, agri-tainment and its integration into the New Yinjiang Village.

通过对现存农田高效性的分析，我们确定了由高产农田和现存特色农业转向有机、高效农业产业的区位，这些产业包括农业旅游业、农业娱乐业，并通过整体整合从而实现新鄞江村庄。

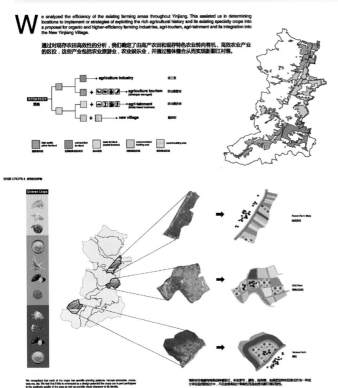

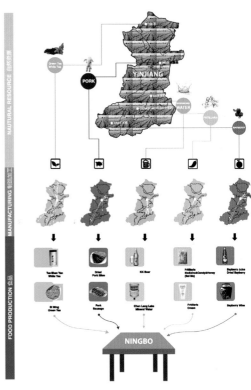

STRATEGY 4 ICONIC TOWERS 标志性塔楼
ICONIC TOWER CONCEPT 标志性塔楼概念

WHY DO WE PROPOSE TOWERS? 为什么建议塔楼模式？

1. ICONIC LANDMARKS
2. WALKABLE VILLAGE
3. PRESERVE LANDSCAPE
4. PROMOTE TARGET DENSITY

1. 地标性建筑
2. 步行化村庄
3. 保护自然与景观
4. 保证目标密度

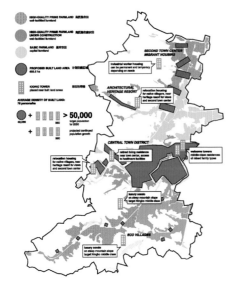

STRATEGY 5 TOURISM 旅游业
THEMATIC TRIPS TO YINJIANG TOWN 鄞江镇主题性旅游线路

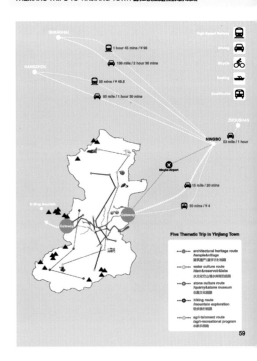

STRATEGY 6 CIRCULATION 交通流线
VEHICULAR & TRANSPORTATION 交通

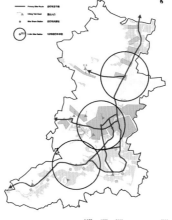

0 100   1000   2000   5000

STRATEGY 7 Nature Connections 自然环境联系
THE MAP OF NATURE CONNECTIONS 自然环境联系分布

WILDLIFE CROSSING 野生动物通道

wildlife crossings   野生动物通道
create habitat corridors that provide connections for a larger cross-section of species

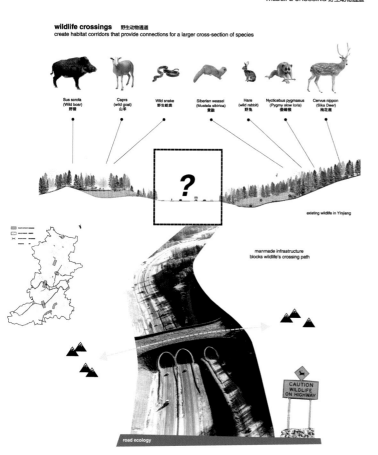

existing wildlife in Yinjiang

manmade infrastructure
blocks wildlife's crossing path

CONCLUSION 结论
THREE TYPES OF VILLAGES & PROPOSED URBAN AREA
三类村庄及建议城市化区域

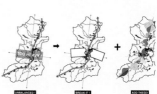

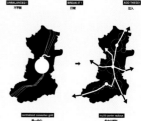

镇区空间形态设计

ENTERTAINMENTS ALONG YINJIANG 泊鄞江娱乐活动

TARGET POPULATION & SITE ANALYSIS 目标人群和场地分析

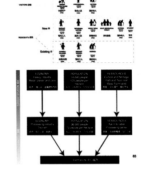

PROGRAMS & FACILITIES PROPOSAL 功能和设施建议

DESIGN DIAGRAMS 设计分析图

KK BIER GARDEN KK啤酒花园

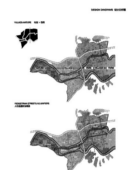

YINJIANG CENTRAL TOWN LAND USE PLANNING 鄞江中心城土地利用规划图

SITE SECTIONS 场地剖面图

CITY CENTER SECTION 2

CITY CENTER SECTION 3

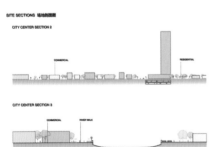

CITY CENTER SECTION 1

88

89

村庄空间形态设计/生态农业区形态设计
ECO VILLAGE EXAMPLE: JINLU 生态村落设计举例--以金陆村为例

Eco Village
生态村庄

In our proposal we have identified a few existing villages as new "Eco Villages." These villages can be restored and adapted to become new destinations that play an important role in the Eco and Agri-tourism networks for Yinjiang Town, as well locations for intimate wellness resorts and elderly living. All provide new potential income sources for the local residents.

PROGRAMS & FACILITIES PROPOSAL 项目及设施建议

RESIDENTS 居民

HOUSING | BASIC HEALTHCARE | COMMERCIAL | EDUCATION | COMMUNITY CENTER

LOCAL LIGHT INDUSTRY TO ATTRACT PEOPLE 吸引人群的当地轻工业

INDUSTRY 工业

ECO TOURISM 生态旅游

HOSPITALITY 住宿

TARGET POPULATION & SITE ANALYSIS 目标人群和地块分析

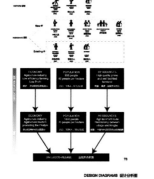

HERITAGE VILLAGE 历史文化村庄

DESIGN DIAGRAMS 设计分析图

VILLAGE+NATURE 村庄+自然

Connecting the village island

Creating networks neighborhoods separated by green corridor

GREEN STREETS AS UNIFIERS 绿道空间系统

Using irrigation system to define village and bridge

Creating local service around village

FARMER MARKET 农贸市场

① Fishing 渔业　② River park 沿河公园　③ Hostel 旅馆　④ Education 教育　⑤ Cabins 木屋　⑥ Mountain lodge 旅馆　⑦ Administrative functions 管理
⑧ Commercial street 商业街　⑨ Koi breeding 锦鲤养殖场　⑩ Wildlife corridor 野生动物通廊　⑪ Transit and visitor center and central carpark 交通访客中心+中央停车场
⑫ Outdoor recreational park 户外休闲公园　⑬ Mineral water station 矿泉水站　⑭ Chinese medicine and tea market 中药和茶叶市场　⑮ Assisted living center 生活服务中心
⑯ Valley resort 山谷度假村　⑰ Farmers market 农贸市场　⑱ Entrance carpark 入口停车场
⑲ Bike and walking path 2 km to central city 自行车和步行道2千米到中心城区　⑳ Community functions and activities 社区功能和活动　㉑ Hiking trails 登山步道
㉒ Agri tourism 农业旅游　㉓ Industry 工业

I n our proposal we have identified a few existing villages as new "Eco Villages." These villages can be restored and adapted to become new destinations that play an important role in the Eco and Agri-tourism networks for Yinjiang Town, as well locations for intimate wellness resorts and elderly living. All provide new potential income sources for the local residents. Each of the model Eco Villages are also potentially new residences for relocated villagers and new populations, which all promote a healthy lifestyle.

在设计方案中，我们确定了几个现有的村落作为新的"生态村"。这些村庄可以得到恢复和适应并发挥都江镇生态和农业旅游网络的重要作用，以及亲密的健康度假地和老年人居住地点的新目的地。这些都将为当地居民提供新的潜在收入来源。每个模型生态村也都为搬迁村民和新的人群提供潜在的促进健康生活方式的新住宅。

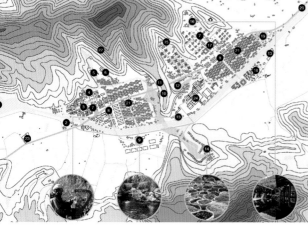

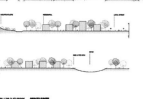

JIN LU WILDLIFE BRIDGE 金陆野生动物桥

JIN LU COMMERCIAL AREA 金陆商业区

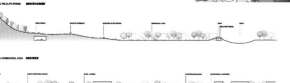

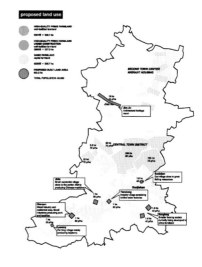

proposed land use

矿藏区环境修复设计

The North Industrial Park is both the industrial center and the most productive agriculture. It is Yinjiang Town's most productive zone. The agri-corridor ladder-like grid system is derived from the existing network of irrigation canals, family farm plots and access roads. The ladder system will accommodate new learning and training facilities that will create the new generation of advanced technology and green industries. A new mining reclamation research center will be affiliated with the existing mines.

北部工业园区位于...

TARGET POPULATION & SITE ANALYSIS 目标人群和场地分析

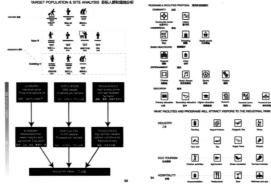

NORTH INDUSTRIAL PARK LAND USE 北部工业园区土地利用规划图

NORTH INDUSTRIAL PARK VILLAGE LAND USE 北部工业园振村庄土地利用规划图

Yinjiang Town has the potential to become the model for New Chinese Urbanism. Its location at the edge between city and nature provides it with the essential attributes to create a future way of life that promotes sustainable practices, wellness, living with nature, and a healthy lifestyle. It can be a remedy for both the ills of overdevelopment and urban expansion, and the lost of a more natural way of life. We feel that our proposal provides a number of positive and sustainable strategies that together inspire a vision for the future.

鄞江有成为中国新城市化建设的典范的潜力。鄞江镇介于城市和自然之间的独特区位优势，使其成为实践中国新城市主义的理想地，并作为倡导亲近自然，健康生活的城市可持续发展的示范点，提供解决城市扩张诟病的新思路。希望我们的提案能够在带动区域经济增长的同时，帮助鄞江实现一个更加健康绿色的中国梦。

SECTION A-A

SECTION B-B

① Laboratory 实验局 ② Vocational school 技术学校 ③ Market 市场 ④ Administrative functions 行政功能 ⑤ Research center 研究中心
⑥ Wellness 康复中心 ⑦ Commercial street 商业街 ⑧ Education 教育 ⑨ Industry 工业 ⑩ Shopping mall 商场 ⑪ Hotel 酒店
⑫ Entertainment 娱乐 ⑬ Health care 医疗 ⑭ Library 图书馆 ⑮ iconic tower 标志性塔楼 ⑯ Recreational center 休闲中心

NEW INDUSTRIAL VILLAGE 新工业村落

FARM AND TOWER 农田和标志性塔楼

方案 5

宁波市鄞州区鄞江镇总体设计

中央美术学院建筑学院与奥斯路建筑设计学院联合体

团队成员：

鄞江竞赛 AHO/CAFA 团队

中央美术学院建筑学院（CAFA）

教师： 吕品晶教授　周宇舫教授
　　　李琳副教授　侯晓蕾副教授
　　　何崴副教授　史洋讲师　程贤栋讲师

学生： 马俊　廖橙　茹逸　刘立强
　　　尤世峰　陈龙　厉之昀　成延伟
　　　李俐　魏涛　赵晓辰

挪威奥斯陆建筑与设计学院（AHO）

教师 / Teachers：

Professor Karl Otto Ellefsen

Professor Kelly Shannon

Assoc. professor Marianne Skjulhaug

Assoc. professor Thomas McQuillan

学生 / Students：

Jingyuan Hu

Xin Su

Patrycja I Perkiewicz

Morgan Ip

Vegard ThiloHalleland

Aurora Andersen Hilde

Jan Kazimierz Godzimirski

GuroLangemyhr

SigurdAuneHellem

CathrineFinnema

Ola WilthilHøgmoen

前言

从经济角度看，中国的城镇化发展已经取得了巨大的成功，2011年，城市化率超过 50%。但从可持续发展的角度看，仍存在许多问题，如节能减排、平衡生态与景观、提高住房品质、协调新老建筑关系、建立可持续发展的基础设施、提升生活质量等。"十八大"以来，中国开始大力发展农村建设。以便提供更广阔的消费和服务业市场。在未来十到二十年内，至少一半的人口增长将发生在中小型城市。我们需要为中小型城镇设计高效的发展原型，包括：

（1）发展智能紧缩城市；

（2）建立更加复杂和综合的城镇体系；

（3）发展有历史意义的城市形态学；

（4）发展可持续性城镇；

（5）建立景观缓冲，并提升文化景观；

（6）提升城镇生活质量。

本竞赛是对非典型的典型城镇的总体设计探讨，是新城市政策的实验田。通过剖析区域特征与文化发展线索，尝试找到一条基于用地历史文化传承及现实条件的发展道路。从整体上引导未来发展，赋予其空间与环境特质，并在提高土地利用效率的同时，塑造更高质量的城镇生活，力争使其成为中国小城镇发展的新典范。

项目背景

中国城镇化现状与反思 | CHALLENGE AND SUCCESS STORY– DISPUTED

中国当前处在大规模的工业化和城镇化的进程中。从改革开放初期制定的"控大促小"的城镇化发展战略，到后来大力发展大城市，发挥大城市的集聚效应，至近年来提倡城乡统筹的发展战略，我国的城镇化策略随着社会政治经济形势的变化不断演进。而城镇化率在2011年超过了50%，实现历史性突破。在"十二五"规划确定"积极稳妥地推进城镇化"战略以来，我国城镇化进程明显加快，城镇数量和规模不断增加，城市发展质量有所提高。未来，我国还将有3亿多人口告别农村进入城市。据此推测，到2020年，我国的城镇化率将超过60%。从目前发展的情况看，城镇化发展已初步呈现大、中、小城市和小城镇融合发展的态势。城镇化带来的需求是支撑未来20年中国经济平稳较快发展的最大潜力所在。

尽管中国的城镇化已取得骄人的成绩，但必须承认的是，过快的城镇人口增长速度也带来了一些较为明显的问题，例如城乡二元结构问题仍未能得到有效解决；将生态利益让位于经济利益；土地城镇化快于人口城镇化；小城镇产业结构不合理；缺乏科学合理的城镇化发展规划，或将大城市的规划设计方法直接照搬于小城镇建设等。

　　　　　　　　　　　　渐进与变革

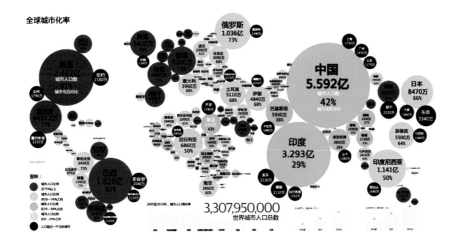

全球城市化率

3,307,950,000
世界城市人口总数

"新城镇"政策 | NEW TOWN POLICIES

中国城市从 20 世纪末推行的城市发展策略导致了一种"新城镇"发展模式，这个模式一方面使新城成为城市人口的吸纳地，另一方面也分散了经济的发展。从 1994～2013 年，中国出现了大量的新城镇，统计数据显示新城镇的数量已经从 1500 增长到 3000 左右。同时，这些新城镇反映出大规模的城市发展的特性。它们在总体规划层面上确定基础设施和土地利用方式，并强调功能适当分离的原则。

新的发展模式 | NEW GENERAL MODELS

大多数正在经历城市化进程中的国家的特点是：人口众多，平均收入较低，资源受限，并且以低效方式快速发展。因此，从联合国人居署的角度来看，中国的城镇化问题具有一些全球性的典型特征。第 18 届全国代表大会上，中国共产党面临的主要挑战之一就是中国农村现代化，以提供更广大的消费市场和公共服务。大会指出在未来的 10～20 年内，中国城镇人口的增加应该更多地在中小城市发生。因此，建立这一类型的中小城市发展规划模型成为当务之急。为了提高发展的全面性和可持续发展性，政府已经采取了一系列措施，使发展的重点从增加数量转换成提升质量。结构性改革的目标则希望建立一个由消费和服务驱使的发展模式。由于服务行业的"碳足迹"要明显低于制造业，所以服务型产业的扩大将促进经济重组，并实现环境和社会的重要目标。

由于服务业的发展结构和规模取决于城镇化的特点和水平，因此这一产业的增长将为城镇制定未来的发展计划奠定基础。这样伴随着逐渐放松的户籍制度，新发展的小城镇便能成为农村剩余劳动力的重要吸纳地。

这个模型需要：

（1）建立更加高效的系统，改变政府和规划的职能；

（2）更少的资源消耗；

（3）并在公共与私人投资间建立一个更好的平衡。

回首中国过去 20 年的城镇化进程，还需要建立一套关于这类城镇发展的新意向：

（1）城市可持续发展；

（2）建立更复杂的和更综合的城镇体系；

（3）获得更高的城市生活质量。

这些城镇在规划和城市管理方面需要：

（1）新的控制规划进程的方法；

（2）在发展进程中采取多元的发展战略及更大的灵活性；

（3）一种新的城市调控方法；

（4）新的建筑，基础设施和景观发展的设想。

宜居城镇意向图
REFERENCE OF LIVEABLE TOWN

区域研究

"典型性"与"非典型性" | TYPICAL AND UNTYPYCAL

　　鄞江镇是宁波市城镇系统的一部分，在宁波我们可以至少发现十几种不同的发展模式。而鄞江镇也具有其自身的"典型"与"非典型"的特性。

　　鄞江镇的"典型"特征：

　　鄞江镇是宁波市整体城镇体系的一部分，反映中国东部沿海地区小城镇的基本发展水平；

　　（1）土地所有制和户籍制度并没有太多的变化；

　　（2）新的房地产开发项目基本与城镇现状结构脱离；

　　（3）鄞江镇的人口结构能够反映出当前中国城镇化的发展特点，大部分的劳动力在宁波或其他大城市工作，镇区内老人和小孩居多；

　　鄞江镇与大多数其他中国小城镇一样，都面临着产业结构失衡的问题，产业发展遭遇瓶颈。

　　鄞江镇的"非典型"特征：

　　（1）鄞江镇作为宁波城市的发源地，注定存在与宁波市其他城镇不同的历史特质，这对其未来发展的定位将起到决定性的作用；

　　（2）鄞江镇的地理位置与自然环境也赋予其独特的环境特质与价值；作为"四明首镇"，她是宁波城区与山区的接壤地；

　　（3）鄞江镇所在的浙江省宁波市的整体经济发展水平和地区人文特色也使其产生区别于中国其他大多数小城镇的社会文化特点；

　　（4）人口水平较低，目前常住人口大约为35000居民。

型性城镇

非典型性城镇－它山堰
UNTYPICAL－TASHAN DAM

资源优势与发展潜力 | STRENGTH AND OPPORTUNITIES

　　基于这一地区的资源优势和发展潜力：

　　（1）这一地区是快速发展的宁波整体市域的一部分；

　　（2）这一地区自然禀赋优秀，有着整体的、独一无二的景观资源；

　　（3）历史源远流长，是宁波发源地、最早的聚居点；

　　（4）服务业的潜在发展机会，周边市镇对于自然类型乡镇旅游度假产品的市场需求；

　　发展成为紧凑城市的潜在可能性。

　　而这一地区在当前发展中面临的问题和困境可以归纳为：

　　（1）经济总量不足，发展进程受限；

　　（2）因就业机会较少，导致人口结构性失衡；

　　（3）产业结构不合理，三产比重较低；

　　（4）城镇地处生态环境敏感地带，用地扩展不足。

茶田
TEA

景观
LANDSCAPE

它山堰
TASHAN DAM

村庄
VILLAGE

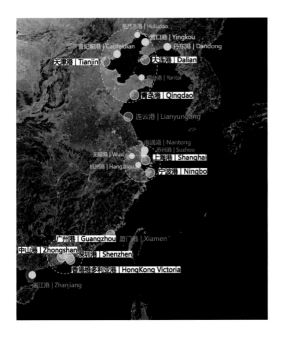

港口
HABOUR

中国三大港口区分别为环渤海区、长三角区以及珠三角区。鄞江区位于长三角区，紧邻宁波港，具有良好的经济发展潜力

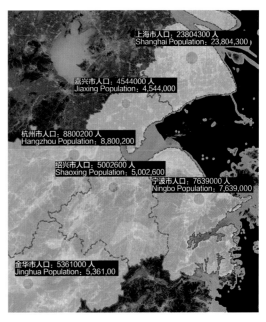

港口区主要城市人口
HABOUR POPULATION

长三角港口区总人口约 5000 万

宁波市域人口
NINGBO REGION POPULATION

宁波区域人口超过 764 万人，其中 210 万为流动人口。鄞江镇具有最多的流动人口，而常住人口仅为 35000 人

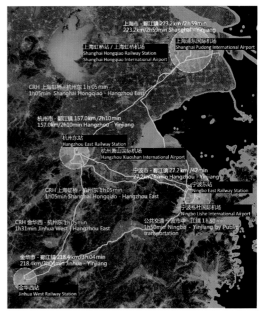

市域交通
TRAVEL TIME BETWEEN CITIES

5000 万人口可以在三小时内到达鄞江地区。这代表发展服务潜在巨大的市场。

项目计划

景观地貌
LANDSCAPE

　　鄞江镇作为宁波市的西部门户，是长江中下游平原和宁绍平原的绿色缓冲地带。山区植被丰富；灌溉用水系统已成为历史性的景观。

城镇增长模型 | MODEL FOR URBAN GROWTH

　　当前鄞江镇的三产经济比例为农业∶工业∶服务 = 1∶7∶2。从产业构成方面来看，第一产业发展长期处于较稳定状态；第二产业是促进该地区生产总值增长的主要来源，其增长速度基本与鄞州区工业发展势头同步；第三产业主要以旅游、房地产开发、传统商贸为主，近年来呈现增长趋势，但其在整体产业结构中所占比例仍显偏低。在未来的产业机构中应加强第三产业比重，使其在经济增长中发挥更大的作用。

垂直特性 | VERTICAL QUALITIES

　　通过对不同层次区域的解读，发现鄞江镇具有明显的外围扩展趋势。而在建设用地受限的条件下"垂直方向"的发展也存在一定的可能性。可以探讨较高密度小城镇的开发模式。同时，鄞江镇具有山区和平原地区共生的明显地貌，其山川、河流等景观的高低层次为发展休闲娱乐为目的的项目提供巨大的支撑。

渐进与变革

服务业 | SERVICE ECONOMY

对于未来的产业发展结构可以用这样一个比例来表示农业：工业：服务业 = 1：4：5，这意味着将服务业的规模扩大为现状的数倍。考虑到区域内的发展潜力，我们认为这样的估算并不存在风险，如果旅游业的投资以高品质、专业化和高效化的方式来运作的话，那么即使 5 倍的预期也很可能是一种低估。

现状产业比例
NDUSTRY PROPORTION

未来产业比例
EXPECTED INDUSTRY PROPORTION

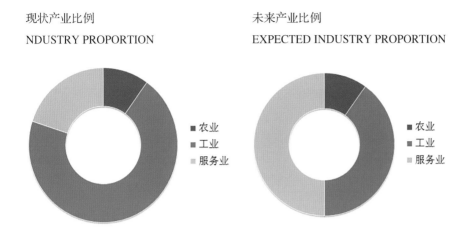

旅游业 | TOURISM

鄞江镇具有丰富的旅游资源。鄞江镇留有大量的历史文化遗产，其中有中国四大水利工程之一的全国重点文物保护单位的它山堰工程，除此之外还有它山庙、冷水庵、光溪桥、鄞江桥、朗官第古建筑群等知名的人文景观。这些人文景观结合鄞江、樟溪河、古树林、南宕北宕等风光旖旎的自然景观，都成了鄞江镇发展旅游业的坚实的物质基础，从而也为推动相关配套的旅游商服等其他第三产业的发展奠定了基础。

增长潜力 | GROWTH POTENTIAL

竞赛所涉及区域内的现有常住人口在 3 万人左右，流动人口约 1 万人。在城镇化发展策略的积极引导下，服务业和旅游业的大规模投资以及新增基础设施的智能化生产所带来的增长潜力是巨大的。新的发展方式应该在不失去本土特质的情况下吸纳新的发展动力。同时在紧凑策略的引导下，本案尝试探讨在城镇扩展过程中集约利用土地的生长方式，以减少对土地和环境资源的索取，为未来承载更多的人口提供可能性。

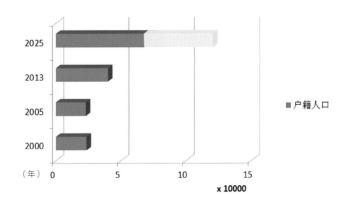

现状景观特征 | PRESENT LANDSCAPE CHARACTERS

鄞江镇位于地势低洼的长江三角洲，作为山地与平原的交界地，充当了宁波西边的门户。鄞江镇具有典型的地貌特征，其选址依据中国传统风水理论，彰显出古人择居的朴素生态观。然而，这种理想景观格局随着时代的变迁和生产的发展越来越被人们所忽视，山形水势在一定程度上遭到破坏。因此，景观规划应充分考虑环境承载力，以保护整体景观格局为出发点，塑造与自然平衡的生态景观。

规划区域的地形具有明显的"垂直特性"，山地与平原展现出不同的景观特性和植被类型，植被覆盖的山地生长有针叶树，包括松树、杉树、柏树、阔叶常绿树和白茶，平原上主要种植有双季水稻、蔬菜、席草、草籽，和其他经济作物；该地区水网发达，山谷中众多的水库为山下的平原提供了丰富的生活和灌溉的水资源，它山堰以及其他水利工程则能够有效对抗旱涝灾害并阻隔咸水，复杂而精密的灌溉网络遍布这片地区，展示了中国传统水利灌溉系统的思想；采矿业为整个地貌遗留下了残酷的疤痕，这些伤疤在被修复的同时也成为一个新的休闲景观的契机；农业作为曾经的支柱产业，其地位已经逐渐被工业以及其他产业所替代，现状农田缺乏有效的经营与管理，甚至出现了荒废的情况，农业多样性规划将大力提升农田作为景观基质的品质。

茶田
TEA

农田
FARMLAND

树林
FORREST

水系
WATER SYSTEM

植被策略
VEGETATION STRATEGY

水系策略
WATER SYSTEM STRATEGY

旅游资源整合策略
RESOURCES INTEGRATION STRATEGY

景观阻力带策略
LANDSCAPE RESISTANCE STRATEGY

农业多样性策略
ARGRICUTURAL VARIETY STRATEGY

景观策略

景观阻力带策略 | LANDSCAPE RESISTANCE

　　公园和开放空间系统的规划依据基地本身所具有的传统景观格局，以整体山水框架为基础，修复和完善这种理想景观格局，因此新的公园规划在受到破坏的水口周围的鲍家勘山以及北部的笔架山区域，连同原有的公园和山林形成完整的公园系统，作为有效的景观阻力带。景观作为阻力带和基础设施将在一定程度上控制城镇建设的规模并且决定整体格局的框架。公园和开放空间系统将在保护鄞江镇的传统景观风水格局的基础上完善景观阻力带，从而保证城镇健康发展并保护生物多样性。

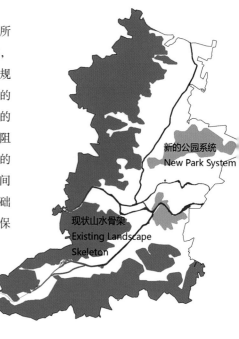

新的公园系统
New Park System

现状山水骨架
Existing Landscape Skeleton

传统理想景观格局
Ideal Landscape

　　中国古代具有完整的风水理论，是古人择居的依据，其本质是塑造理想景观格局。

现状山水骨架
Mountain-Water Skeleton

　　现有山水骨架依据传统风水格局，具有良好景观基础，然而建成区的扩张使部分山水骨架遭到破坏。

新的公园系统
New Park System

　　景观规划以保护整体景观格局为出发点，创建公园系统以保护被破坏的山水结构，塑造与自然平衡的生态景观。

水系策略 | WATER SYSTEM STRATEGY

　　水系规划采用简单而有智慧的水系统管理方式，一方面延续当地传统的水网系统和灌溉模式，另一方面通过连通和恢复水系、建立雨水管理系统以及塑造滨水开放空间和栖息地等途径使河流回归自然状态，完善灌溉系统并适应现代生活的要求。

　　河流系统提供了一系列水陆交界的地段，是本地居民在日常生活中乐于使用的开放空间，因此滨水地带的品质应该进行提升并以此来强化滨水地带的公共性；沿清源溪到鲍家勘山一带修复河流的自然驳岸，并进行沿河湿地规划，从而塑造狭长的白鹭栖息带；规划中的雨水排水渠与道路平行，能够有效地进行雨水收集和洪水管理；同时还要对工业污染进行生态恢复，采用景观和化学手段相结合的方法进行水质净化；规划还为休闲娱乐需要创建了新的水体（同时为了修复采矿场等遗留痕迹）；而对于新规划的城区则提议建立一个分散而综合的水处理系统。

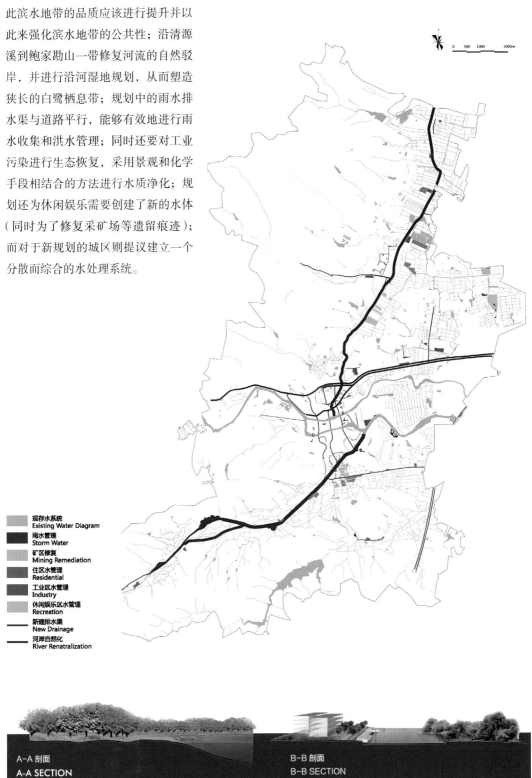

現存水系统
Existing Water Diagram

雨水管理
Storm Water

矿区修复
Mining Remediation

住区水管理
Residential

工业区水管理
Industry

休闲娱乐区水管理
Recreation

新建排水渠
New Drainage

河岸自然化
River Renatralization

A-A 剖面
A-A SECTION

B-B 剖面
B-B SECTION

现存水系统
Existing Water System

雨水管理
Storm Water

矿区修复
Mining Remediation

住区水管理
Residential

工业区水管理
Industry

休闲娱乐区水管理
Recreation

新建排水渠
New Drainage

河岸自然化
River Renatralization

C-C 剖面
C-C SECTION

D-D 剖面
D-D SECTION

渐进与变革

发展途径

复杂性 | LEVELS OF COMPLEXTITY

通过对不同区域的解读，可以发现鄞江区具有明显的"横向"增长潜力。为讨论发展的特性，并以其为基础设定镇区前景，"垂直"特性也尤为重要。

这些特性部分是镇区的地形风貌：山区与山谷的景观特性与平原城市的景观特性大不相同。因此，这个区域具有发展以休闲娱乐为目的的景观的潜力。更为独特的是镇区与水域景观反映了灌溉系统悠久的历史。与此同时，区域内大部分的城镇和村庄也具有原真性，并与建成区一起记录了该地区的历史类型和结构。

现在区域经济比例为农业：工业：服务 = 1：7：2。除了位于山谷平原南部的茶圃，农业用地相对较少。因此，该区域具有加强农业生产和提高农业生产力的潜力。而区域内其他用地更加适合较大规模的工业化农业生产。土地的稀缺性以及土地质量对服务业和旅游业的重要影响则表明了工业发展应该在此次竞赛之外的地区。增长的潜力主要为服务业。未来的结构可以被调整为农业 / 工业 / 服务业 = 1/4/5。考虑到这些潜力，我们预计这是无风险并相对保守的发展。

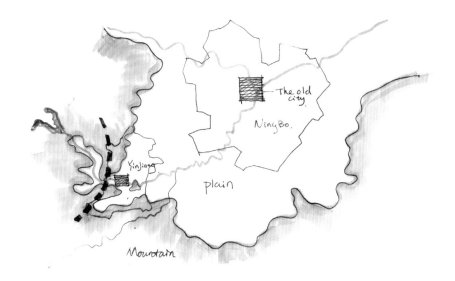

区域发展原则——紧凑策略 | COMPACT CITY STRATEGIES

宁波建立了功能完备的商务与文化片区，工业与物流也得到了长足的发展。另外一个方面，城市外围沿交通两侧成散片式发展。我们提出一个新的区域性策略，在更大的区域尺度上，基于现存的城镇结构，提倡紧凑型城镇发展模式。经过对宁波周边 15 个城镇的解读，可以总结出一些共性：

（1）紧凑与高密度发展现存城镇，疏解宁波核心城区发展压力；

（2）新建区沿交通基础设施成组团式系统分布；

（3）设立景观基础设施阻力带，限制特定区域的开发建设；

（4）根据已有资源打造成各具自身特色的新城镇。

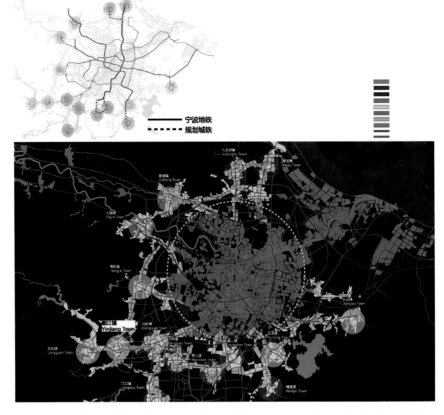

宁波地铁
规划城铁

区域内不同主体的发展方式因其特点可分为两类：一类是主要以服务业发展为基础的紧凑村镇，另一类是以制造业和物流产业为基础发展的紧凑村镇。作为交通系统和物流系统的中心，"空港城"在本系统中扮演着重要的角色。

这些原则同时也显示出未来主要的基础设施投资和公共交通系统的发展将沿着宁波轨道交通线路的延伸线进行。

三角区域策略 | Triangle Regional Strategy

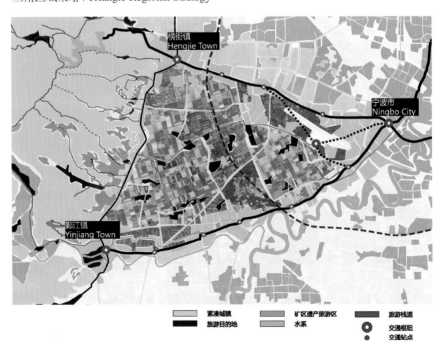

紧凑城镇　矿区遗产旅游区　旅游栈道
旅游目的地　水系　交通枢纽
交通站点

本竞赛区域位于此三角区域的西南部。之前对于宁波城镇体系总体发展的构想与"三角地带"的培养和发展构想在鄞江镇这里得到了汇集与融合。其中最重要的结合点包括：连续的水域系统；山地景观；向"三角地带"内"绿心"延伸的平原和谷地；两条重要的与总图路网相连接的主要道路；还有一条新的连接线——将空港城与地处鄞江镇的东北方向的轨道交通终端枢纽相联系。

（1）土地利用：执行严格的土地利用规则；在与"绿心"相连接的山区、东西向延伸的谷地、南部的山谷以及公共空地和农业用地中建设活动将被限制。

（2）在鄞江镇北部的横街镇、乡村以及走廊地带的土地利用将严格按照总体平面图实施。

（3）鄞江镇中心镇区与大桥村是发展的重点区域。而这两个地块的发展也将遵循互不相同的原则。中心镇区将作为一个紧凑的小城市的方式来发展。在规划中，大桥村将作为地处耕种区中心的城镇居住区的模式来发展。在总平面图中，我们可以清晰地看到连接鄞江镇和大桥村的公共用地和主要道路（自行车和人行道）。大桥村的服务设施的规模有限，不可能实现村内的自给自足，所以大桥村也还将依赖于鄞江镇的公共和私人服务。

（4）人口策略：中心镇区和大桥村是落实紧凑型发展策略的重要阵地，尤其是鄞江镇镇区，规划中将增加土地利用效率、以较少的土地承载更多高质量生活内容为出发点，实现用地与人口的平衡。在上位规划中，2020 年鄞江镇城镇建设区总人口约为 4.5 万人，在本次规划中，我们以之为规划前提，探讨如何以更为紧凑、合理的规划布局模式来容纳增长的城镇人口。通过增加和调整用地，规划形成约 130hm^2 的建设用地。基于紧凑原则，大约可增加 2 万人的容量。规划在总体建设用地指标基本不变的情况下，调整城市发展方向，将总规中沿荷梁公路发展的布局，转变为沿镇域内主干道南北延伸发展的总体格局。同时，大桥村作为鄞江镇域内北部的发展节点，形成沿线性基础设施发展的簇群城市空间形态，同时结合乡村自然环境，创建宜居的居民点，成为吸纳周边村镇人口集聚的宜居村镇。

建岙村是一个具有实验性或者典型性的具体案例，它是区域内众多具有地域性特色的村落的代表。总平面图中把这些村落设定为景观阻力带，并且划定了各自发展范围的边界。这些村落的发展方式包括：将现有的发展结构优化至可持续的状态；以及发展有针对性的专门项目。而政府对于农村土地政策方面的重要转变是这些村镇发展得以落实的前提。建岙村及其他具有相同特质的村落具有类似的发展模式：它们既会被发展成为旅游目的地，也同样会发展成为以传统的村镇与聚居地为基础的现代化版本。

景观系统独立于城镇化的凝聚过程，是极具品质的小城镇的重要组成部分。对于景观的策略可分为不同的主题：

对于水域系统进一步培养和投入：从而能够应对气候变化的需求；提升城镇/乡村景观的品质；

山区与邻近平原地区植被分布；

建立鄞江镇周边的公园系统，使之成为城镇之间"绿心"的一部分内容。

旅游线路的设置：步行道系统以及车行系统——在区域景观系统中作为景观节点与村镇联系的纽带。

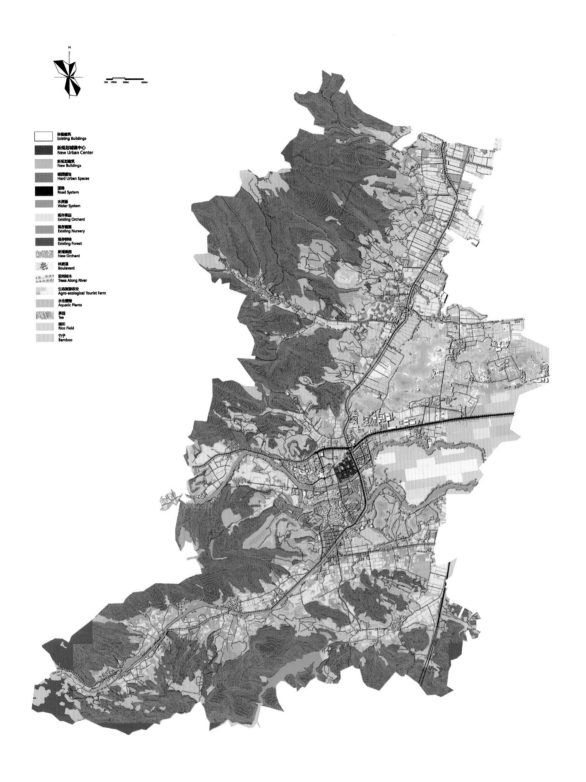

保留建筑
Existing Buildings

新规划城镇中心
New Urban Center

新规划建筑
New Buildings

硬质铺地
Hard Urban Spaces

湿地
Road System

水资源
Water System

现存果园
Existing Orchard

现存苗圃
Existing Nursery

现存树林
Existing Forest

新增果园
New Orchard

林荫道
Boulevard

沿河树木
Trees Along River

生态旅游农庄
Agro-ecological Tourist Farm

水生植物
Aquatic Plants

茶园
Tea

稻田
Rice Field

竹子
Bamboo

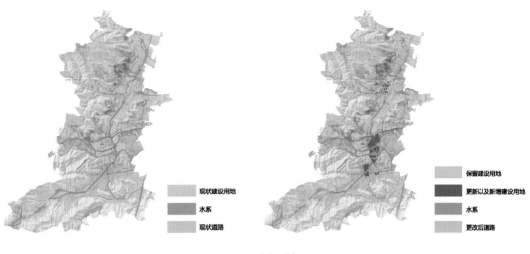

现状用地分析
PRESENT LAND USE

规划用地布局
LAND USE PLANNING

现状道路分析
PRESENT ROAD SYSTEM

规划道路布局
ROAD SYSTEM PLANNING

我们可以从鄞江镇提取出 3 种原型进行研究：

（1）鄞江镇核心区

突破了中心岛的自然限制，沿着主路生长。它代表了居住地一个最基础的形态：高密度、共享的、功能分散的和紧凑的。这些特质都应该被合理的理解并加强。这个中心区域与鄞江镇的发展紧密联系在一起，但是它的历史使其能够保留自己的形态和特征。

（2）大桥村

沿着往北的主干道，能够看到发展的第二个模型：以大桥村为核心的居住聚落。这里，在农田和道路之间生长着小的居住簇群。虽然这种组成是构成定居地四种功能之间的一种过渡（农业、居住、商业、交通），但是这种类型却很难承载大量的机动车交通。而这种发展类型在这片区域非常常见。在鄞江地区，这种居住地类型最为流行并且极有可能构筑这片土地的"大环境"。

（3）建岙村

该村位于山谷陡峭的崖壁之间，并根据穿流而过的河水组织村落。在这里建筑更为传统，生活方式也更为悠闲。山谷的封闭限制了汽车的使用，而蜿蜒的河流则为村落提供了多重的步行路线。这个村落代表了这片地区的一段历史。

这三种类型可以构成一个宁波地区增长发展的模型，并且可以作为一种将中国各地小城镇与村庄的增长概念化的方式。镇子的核心是一个被围合的且具有封闭特质的卫星城，这种现状应该通过一个外部的限定来打破与强化。城镇中心应当加大密度。在该镇的行政边界内以大桥附近的村落为例，可以通过农田、灌溉渠、道路与地型地势等看出一个可持续发展的大环境。这个大环境能够容纳一个结合了居住、农业、公共空间与交通为一体的、广阔的且相互交织的发展。建岙村则代表了一个需要更合理的、规划组织的、被保护的传统聚落。

鄞江镇的紧凑发展策略 | URBAN DEVELOPMENT YINJIANG COMPACT CITY– A DENSE FRAMEWORK

中心区的建设需要建立一个较高密度发展的框架。其目的，一方面在于创造一个重点区域来承载主要"发展压力"，以帮助城镇保护自身历史资源和发展特色；另一方面将城镇用地和人口的增长限定在沿道路的主要发展带内，与周边保留的自然资源形成景观形态上的对比。在这个集中发展的组团内，中央岛屿是核心区域，现建有一系列的机构，包括学校、博物馆、寺庙与工作坊等，这种功能的多样性应当被保留并延续。而环绕岛屿的河流和水利设施则需要部分修复，并开发为公共活动场所。

规划建立了一个发展计划：

（1）保护景观环境资源，纳入整体紧凑城镇的考虑。

（2）保留现状城镇的结构。

（3）开发新的城市区域。

（4）发展公共服务、基础教育和新的老年机构。

（5）建立新的城镇核心。

（6）建筑城镇内部的交通和运输系统。

规划原则：

（1）发展界限由景观系统、水域系统、植被／公园系统、基本农田，这些元素共同界定。

（2）根据保护和保留的原则修复鄞江镇的历史核心区。

（3）在此框架中，鄞江镇的江心岛成为关键性地区，岛内有学校、博物馆、庙宇和作坊等诸多设施。它所体现出的多样性特征应得到保留和发展。

（4）在现有城镇的东侧，新的发展轴线将城镇用地向南北两侧继续延伸，以形成更为紧凑的发展格局。在这些新加的城镇区域中，它们部分占用现有工业用地和基础设施用地，部分将替换现有格局中土地利用价值较低的城镇部分。

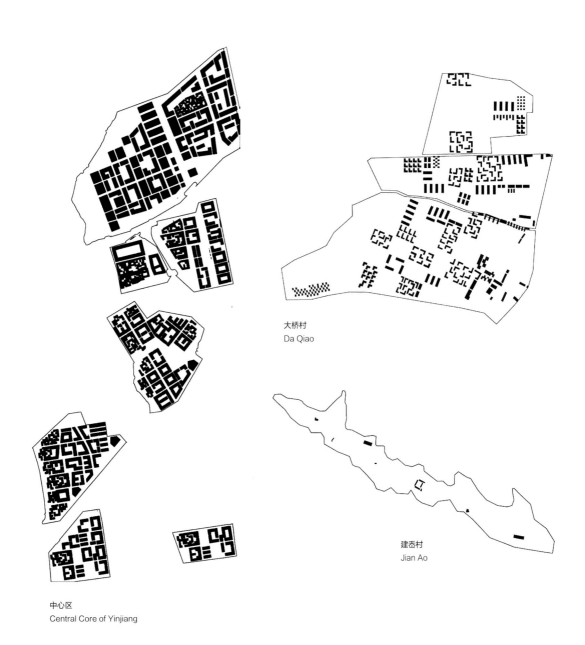

大桥村
Da Qiao

建岙村
Jian Ao

中心区
Central Core of Yinjiang

镇中心平面图
PLAN OF CENTRAL TOWN

渐进与变革

鄞江镇中心的紧凑发展策略 | URBAN DEVELOPMENT YINJIANG COMPACT CITY– A DENSE FRAMEWORK

城市网格概念
City Grid Concept

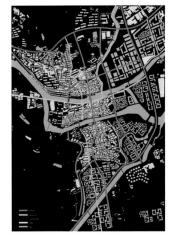

道路系统
Road System

（1）一个由直角正交系统定义的新城镇核心——未来鄞江镇的商业核心由南北向的河流和镇域内的道路系统进行限定。规划中这一区域将纳入新的城镇空间和公共设施，并以较高的密度建设。

（2）规划中的交通系统基本依据现状道路进行延伸，在未来新的紧凑型城镇区域的东北角，将规划有一个公交车枢纽站和一个轨道交通的终点站。

（3）城镇空间和人行道系统的设置将遵循以下原则：

1）沿着东西向的河流和滨水空间；

2）沿着现有的主要的步行街道，以南北方向延伸；这两个步行系统都要与未来新建城镇区域相衔接；

3）在城镇中心建立节庆和集会的系统。

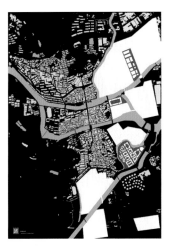

区域启动器
Region Generator

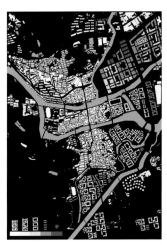

建筑密度
Building Density

作为发展策略，需要建立一系列的"发生器"。他们包括：

（1）公共服务的发生器：在现状城市结构中新建一所学校。

（2）高品质城市街区的发生器。

（3）城市开放空间的发生器：将北边河流的两岸转变为开放空间。

（4）集庆发生器：建立一个新的节庆和集会的城镇广场。

（5）密度发生器：发展东部新区内部的高密度城镇核心。

公共空间
Public Spaces

绿化
Green Spaces

大桥村平面图
PLAN OF DA QIAO

建岙村平面图
PLAN OF JIAN AO

渐进与变革

政策与流程

在竞赛阶段所提交的方案中我们对于城镇的发展提出了相应的原则，以下策略将有利于实现这些设想。

区域层面 | REGIONAL LEVEL

（1）因地制宜地进行区位选择、确立发展计划和主要的政府投资；

（2）将交通系统扩展到边缘地带（包括对轨道交通系统的延伸和改造）；

（3）确立以"绿色城市"为导向的原则、策略和规则；

（4）在区域层面上确立对于景观阻力带的规划；

（5）在区域层面上制定服务业的发展计划；

（6）对于本土的旅游业发展提出未来规划和投资策略。

三角区域 | THE TRIANGLE

（1）提出景观阻力带和景观发展规划；

（2）提出对于水域的保护和发展规划；

（3）提出对于旅游业发展的规划。

镇域层面 | OVERALL MASTERPLAN

（1）对于本地区教育机构设置的规划；

（2）对于本地区内老年人设施建设的规划；

（3）景观策略的细节；

（4）地方基础设施发展规划；

（5）进一步对不同的村镇建立可操作的和高质量的开发原则。

鄞江镇中心 | YINJIANG TOWN

（1）城镇规划原则的决策；

（2）关于"城市发生器"的决策；

（3）对于高品质公共服务的发展策略；

（4）关于资金调配的原则，在私人投资方面，政府与本地角色的确定。

大桥村 | DA QIAO

（1）在连接大桥村与鄞江镇的景观和基础设施方面的投资；

（2）将村镇发展与公园和农田相结合的开发原则；

（3）"发生器"计划。

建岙村 | JIAN AO

（1）在村域用地的产权和房屋建设方面设立新的原则；

（2）投资本地技术基础设施；

（3）投资水利项目以防洪减灾；

（4）制定老旧产业售卖、老年人关爱以及新居民融合方面的策略；

（5）选择引导性项目、制定地域特色建筑翻新的规则和村庄新建房屋的具体规则。

后记

经过两年多的筹划，《渐进与变革》一书终于正式出版了，受出版方委托由我编写本书后记，为让读者更进一步了解本书，我想从三年前的一段往事讲起。

2012年6月的一天，我接到《建筑师》杂志社李东副主编的电话，"祝贺您委托的设计师王澍获普利兹克奖，能否在您主持建造的他的代表作——宁波博物馆召开个国际建筑师论坛？"。说实话，早在几年前我就有创办建筑沙龙或论坛的冲动，希望定期、不定期地讨论些业界和普通民众关心的与建筑和设计有关的话题，为此曾同王澍、齐欣、朱锫等大师联系过。忧心于当时大拆大建的现实，齐欣大师还开玩笑地说应该办个"拆论坛"（china谐音），后终因机缘未到一直无法成行。这次听说有《建筑师》这一业界最权威的杂志一起搞论坛，我当然欣然同意，马上开始前期的联络和策划工作。

真正开始筹办论坛才发现困难远比想象的要多，首先是"十八大"后，国家对充斥社会的过多过滥的各种论坛采取了严格的管控措施，我们拟创办的这一论坛从一开始就处在前所未有的困难境地中。原先积极的地方政府突然间变得缩手缩脚，经费预算不断缩减，主管部门的审批（特别是国际论坛需要外事部门审批）也愈加严格，客观上对论坛提出了更高的要求，我们必须考虑论坛如何能够切中时弊，言之有物，换句话说就是必须有真金白银！论坛的宗旨和主题确定成了关键。

刚开始，杂志社是想搞个以王澍获奖为契机的、总结中国当代建筑设计发展的论坛。但经过多轮的讨论，特别是2013年年初在北京召开的第一次学术委员会暨筹备会上，与会专家共同探讨创办论坛的必要性，讨论了我起草的创建论坛倡议书，一致认为中国高速建设的今天，建筑师、政府官员、投资商、建设方、普通民众等与项目建设有关的人员均缺少时间歇歇脚步，思考思考我们究竟该如何开展建设行为？以何种方式、何种心态去解决人类"衣食住行"中"住"的问题？在这种背景下为社会创建一个提供静心思考、探讨和解决有关建设发展中存在问题的纯公益、纯学术的交流平台十分必要。会上对当今中国面临的千城一面、大拆大建问题愈感紧迫，特别是"十八大"提出"新型城镇化"后，尚未出台细化政策和措施，社会存在着普遍的迷惘和大干快上的原始冲动，专家一致认为需要发出中国建筑师界的声音，为最高层最终的决策提供一些参考，为此明确了首届论坛主题为"建筑与新型城镇化"，宗旨是搭建一个以建筑师为核心的社会各界的沟通交流平台。

为了更充分发挥论坛的作用，我们探索和引进了以下几种机制：第一，长期机制。许多问题不是通过一次论坛的碰撞就可以彻底解决的，希望通过论坛的持久、长期坚持，

AFTERWORD

在多次沟通交流、相互砥砺中逐步得到有效解决。长期机制就是使论坛成为定期化、系列化、可持续有影响力的交流平台，为此我们策划了两年一届的为期至少十年的五个不同热点话题，包括：新型城镇化问题、大城市发展问题、中国住宅基本面积问题、建筑设计教育制度问题、发展和保护问题等。为论坛的持久开展奠定了基础。第二，理论与实践相结合机制。为避免论坛只有论议缺乏实践，成为纯粹的论文交流会，本论坛采用了学术论文交流与工程实证设计相结合的方式。我们在征集学术论文的同时，结合论坛主题针对实例展开实证设计竞赛。

明确论坛宗旨和主题、建立了有效的机制，接下来是漫长艰辛且充满不定因素的筹备过程。在此期间发生了许多不宜为外人道说的曲折之事，当时有人奉劝我别再搞这种吃力不讨好、不务正业、无法把控的论坛了。但论坛全体筹备人员都具有着高度的社会责任感和强烈的使命感，不为困难所吓倒，给了我极大的鼓舞。期间我们与杂志社同志互相勉励、相互打气，李东副主编是夜猫子，我是早晚疯，往往一个文件她晚上两、三点完成发来，我早上四点起床接着修改完善，或我这边一个白天完成的工作，发给杂志社，杂志社晚上加班马上反馈，一天24小时得到了充分有效的利用，保障论坛在预定的时间顺利召开。本次论坛2012年12月获得住房城乡建设部外事司批准，2013年2月在北京召开了第一次学术委员会暨筹备会会议，2013年6月启动论文征集工作和设计竞赛工作，2013年12月8日"首届国际建筑师（宁波）论坛"正式举办。当天彭一刚院士作主旨发言，前后有8位中外学者进行了主题发言和交流，并进行了设计方案颁奖和展出。得到社会各界的高度关注、取得良好的社会效益。

《渐进与变革》一书是本次论坛的成果展示，本书开篇起首为彭一刚院士根据论坛主旨撰写的序；第一部分"建筑师视野中的建筑与城镇化研究"，是本次论坛收集各类38篇优质论文中的6篇代表之作；第二部分"实践性探索"是以宁波一个千年古镇——鄞江镇的未来新型城镇化为目标，展开总体规划方案设计为背景，邀请了国际、国内知名的设计师事务所和建筑类大专院校研究团队，在对这一千年古镇进行为期月余的实地考察基础上，以镇域总体规划方案竞赛方式，根据古镇现状结合各自团队的特长和研究方向，提出该镇未来城镇化实现的具体途径和方法。本书将这些竞赛作品进行了搜集和整理，在获得参赛方授权后正式出版，这些设计有诸多真知灼见和独到的创新之处，最主要的创新之处在于，他们不是简单地把城市规划设计理念直接套用在小城镇设计中，而是针对城镇的个性和特征采用了全新的规划理念。可为当下中国各地的新型城镇实践提供范本和有价值的参考，将为我国新型城镇化工作起到积极的推动和引领作用。

《渐进与变革》一书，汇聚着"首届国际建筑师（宁波）论坛"的成果、凝结着当代中外建筑师的心血。在此书即将发行之际对为本次论坛顺利召开给予大力支持和帮助的住房城乡建设部副部长郭允冲先生（时任）、宁波市副市长王仁洲先生；中国建筑工业出版社张兴野书记（时任）、沈元勤社长、王秋和副社长（时任）；《建筑师》杂志社李东副主编，易娜主任，边琨编辑；原建设部设计司窦以德副司长；宁波市政府倪炜副秘书长、宁波市文化新闻出版局孟建耀副局长；彭一刚、崔愷院士；王澍、齐欣、庄惟敏、孟建民、朱锫、刘克成等建筑大师；Randall Korman、赵万民、丁沃沃、常青、王路、张利、吕品晶、韩冬青、杨宇振、周榕等教授和所有支持、帮助过本次论坛举办的人士表示衷心的感谢！

倍感欣慰的是本次论坛举办不久，2013年12月12日中央城镇化工作会议就在京召开，提出了新型城镇化的目标、途径、方法和任务，反对过去这种大拆大建的注重外延的发展模式，提出"以人为本，推进以人为核心的城镇化"，城镇建设要在"让居民望得见山、看得见水、记得住乡愁"思想指导下进行，与我们论坛的主旨和内容高度契合，也算为中央决策提供了佐证材料吧。

鄞江镇这一千年古镇是宁波发源地之一，时任党委书记钱范杰先生有浓重的家乡情结，在本论坛的设计竞赛过程中，给予竞赛的开展和实施始终的支持，本书的出版亦得到了镇政府的大力帮助。在此特别声明感谢！有个好消息是鄞江古镇的重要文保物——它山堰，2015年10月12日在法国蒙特利尔召开的国际灌排委员会第66届国际执行理事会上，入选世界灌溉工程世界遗产名单正式成为全人类的遗产。相信未来的鄞江镇在吸收和借鉴上述竞赛成果的基础上，定会走出一条独特的、因地制宜的健康发展之路。

原鄞州区城市建设投资发展有限公司总经理

胡军

于2015年12月8日初稿完成于北京

论坛组委会

张兴野　沈元勤　王秋和

论坛执委会

李　东　易　娜　胡　军

学术委员（排名不分先后）

王　竹	王　昀	王　群	王　辉	王明贤	王建国	王新军
王　路	王　蔚	支文军	孔宇航	卢　峰	朱小地	吕品晶
刘加平	刘临安	齐　欣	汤　桦	李兴钢	李保峰	夏铸九
李晓峰	李　虎	杨宇振	吴　钢	吴晓敏	张　利	张永和
张　颀	张　雷	张　彤	张伶伶	陈　薇	孟建民	魏皓严
饶小军	赵万民	柳亦春	俞　廷	顾大庆	常　青	常志刚
丁沃沃	周　榕					

图书在版编目（CIP）数据

渐进与变革——建筑师视野中的新型城镇化研究
与实践／国际建筑师论坛组委会编．—北京：中国
建筑工业出版社，2016.12
ISBN 978-7-112-20160-0

Ⅰ．①渐…　Ⅱ．①国…　Ⅲ．①城镇-建筑设计-
研究-中国　Ⅳ．① TU26

中国版本图书馆CIP数据核字（2016）第301329号

图书策划：李　东　边　琨
版式设计：锋尚设计
责任编辑：李　东　边　琨
责任校对：焦　乐　刘梦然
书名字体设计：边　琨

渐进与变革
——建筑师视野中的新型城镇化研究与实践
国际建筑师论坛组委会　编

＊

中国建筑工业出版社出版、发行（北京海淀三里河路9号）
各地新华书店、建筑书店经销
北京锋尚制版有限公司制版
北京方嘉彩色印刷有限责任公司印刷

＊

开本：880×1230毫米　1/16　印张：14¼　字数：353千字
2016年12月第一版　　2016年12月第一次印刷
定价：**138.00**元
ISBN 978-7-112-20160-0
（26803）